建設業のための SNS採用バイブル

中西 涼
NAKANISHI RYO

建設業のための
SNS採用バイブル

はじめに

　建設業の人材難が深刻化しています。

　高齢化による熟練労働者の大量退職と3K（きつい、汚い、危険）を背景にした若者離れにより建設業の有効求人倍率は2009年以降上がり続けており、2024年に入って5倍を超えています。エヌエヌ生命保険株式会社が全国の建設業経営者1100人を対象に実施した調査でも、約半数（46.7％）もの経営者が「若手人材の確保・人材の高齢化」を課題として挙げているほどです。

　実際、建設業に特化した経営コンサルティングを行っている私の会社には、「若手人材の採用」を経営課題としている経営者からの相談が絶えません。相談の内容は、若手人材を採用するために多くの予算を求人サイト掲載に費やしているのに反響がまったくない、ほかに有効な手法を提案してほしいということです。

　私は大学卒業後、建設資材の商社に勤務したのちに起業し、自身のSNS総再生回数2000万回の実績をもとにSNSによる企業ブランディング支援を行ってきました。現在は、建設業に特化した経営コンサルティング会社のブランドコンサルティング部門の責任者として、多くの企業に対してSNSを活用した採用支援を行っています。

　SNSは採用サイトとは異なり、掲載すること自体に費用がかからないうえ、大手も中小も、業種の垣根もなく掲載できるとい

うメリットがあります。やり方次第では建設業に関心のない人にも注目してもらうことが可能ですし、投稿する内容を工夫することで、建設業に対するマイナスイメージの払拭につながります。

例えば、職人さんが明るくいきいきと働いている動画や、社長が会社や仕事の魅力を学生に語りかける動画を紹介することで、3Kのイメージが変わり自社に興味を持ってもらうことができます。

またSNSを活用する企業の多くが何を動画で公開してよいか分からない、という悩みが多いなかで、建設業者には「現場」が多数ありますので投稿内容に悩む必要がありません。採用に一定の効果を発揮するためには最低でも週1回の投稿が必要ですが、建設現場が徐々に完成していく様子や、そこに関わる人のリアルな姿を投稿すればよいのでコンテンツは十分にあるのです。

事実、採用サイトの掲載では反響を一切獲得できなかったのに、SNSを活用してからわずか数カ月で若手人材の獲得に成功した企業は多数あります。

本書では、建設業の経営者や採用担当者に向けて、SNSを活用した採用の方法を解説します。数あるSNSのなかでも私が推奨するのはYouTube、LINE、Instagram、TikTokの4つで、それぞれの特徴、メリット・デメリットに加え、反響を獲得するための具体的なノウハウを盛り込んでいます。

本書が、建設業者の皆様の明日の発展をお手伝いする一助となれば幸いです。

CONTENTS

はじめに　　　　　　　　　　　　　　　　　　　　　　　2

Chapter 1

深刻化する採用難
建設業者がSNSに取り組むべき理由

建設業の採用難は深刻化する一方

▶建設業の活況は続く。しかし人手不足が問題に　　　　16

▶「大量退職時代」に突入。人材需給はさらに悪化　　　17

▶採用に力を入れるも、苦戦する中小企業　　　　　　19

建設業の人材採用にはさまざまな問題が

▶建設業者は「本気」でSNSに取り組もう　　　　　　20

建設業のSNS活用は他業種よりも遅れている?

▶SNSは誰もが使うインフラになっている　　　　　　21

▶実は40%の企業がSNSを活用しているが……　　　23

▶SNSは「大幅なコスト削減」にもつながる　　　　　24

▶他社が活用していない今こそスタートを　　　　　　25

▶若者はどんなSNSを見ているのか?　　　　　　　　25

▶SNSは「24時間365日働いてくれる人事・宣伝担当者」　27

Chapter 2

YouTube、LINE、Instagram、TikTok
建設業者が最低限押さえておきたい
SNSの基礎知識

ひとくちにSNSといってもさまざまなものがある

▶人と人とのつながりを促進するサービス　　　　　　　　　　　30

日本でユーザーの多いSNSの特徴

▶SEO（検索エンジン最適化）に圧倒的な強さを
　発揮する「YouTube」　　　　　　　　　　　　　　　　　　31

▶ファン化、イメージアップに最適な「Instagram」　　　　　33

▶バズったときの効果は非常に大きい「TikTok」　　　　　　34

▶個別感で求職者との距離を詰める「LINE公式アカウント」　36

▶テキストベースのため建設業界には向かない「X（旧Twitter）」37

▶若年層のユーザーが少ない「Facebook」　　　　　　　　38

建設業者が押さえておきたいSNSは、ズバリこの4つ

▶建設業は4つのSNSを同時運用せよ！　　　　　　　　　　39

▶理由1　利用者が圧倒的に多いから　　　　　　　　　　　40

▶理由2　動画に強いSNSだから　　　　　　　　　　　　　41

▶理由3　拡散力が圧倒的に強いから　　　　　　　　　　　42

▶理由4　「ファン化」できて、優秀な人材の獲得につながるから　42

▶4つのSNSを同時に運用することは難しい？　　　　　　　44

動画投稿を中心としたSNS運用で
簡単かつスピーディーに効果を出す

▶主軸となるSNSは「YouTube」　　　　　　　　　　45

▶なぜ、YouTubeはSEOに強いか　　　　　　　　　46

▶YouTubeショートはさらにSEOに強い　　　　　　47

▶国内No. 1の検索エンジンは「Google」　　　　　　48

▶なぜ、「動画の投稿」を中心とすべきなのか　　　　49

▶YouTubeショート→ほかのSNSへ転用　　　　　　51

まずは目的・ペルソナの設定から

▶「目的」と「ペルソナ」の設定は不可欠　　　　　　53

▶詳細なペルソナを設定する　　　　　　　　　　　54

投稿の頻度は週3回を徹底しよう

▶継続することでアカウントが育つ　　　　　　　　54

▶週3投稿が難しいなら?　　　　　　　　　　　　56

Chapter 3

Google検索上位を独占し認知度を高める!

建設業のためのSNS活用／YouTube編

YouTubeの特徴を理解する

▶10〜20代はテレビよりもYouTube　　　　　　　　　58

▶YouTubeショートとは?　　　　　　　　　　　　　58

▶ユーザーがチャンネル登録をする「3つのパターン」　　60

▶広告収入には期待しない　　　　　　　　　　　　　61

「5秒でチャンネル登録」されるプロフィールの設定方法

▶プロフィール写真は「会社の顔」　　　　　　　　　　62

▶プロフィールの写真には「人」を使う　　　　　　　　64

▶Google検索上位表示を狙うためには「チャンネル名」も重要　65

▶問い合わせにつなげる「説明」(プロフィール)の書き方　67

すぐ使える! 建設業の採用SNSで使える動画企画

▶投稿のステップ　　　　　　　　　　　　　　　　　71

▶採用につなげるための投稿で意識すべき点　　　　　72

▶建設業専門「採用につながる」&「動画が伸びやすい」
企画10選　　　　　　　　　　　　　　　　　　　73

▶おすすめできない投稿　　　　　　　　　　　　　81

失敗しない！ 動画撮影のポイント

▶ まずは関係者と打ち合わせを 83

▶ 撮影に必要な機材3選 84

▶ 効果的なスマホ撮影のポイント5選 86

▶ 撮影は複数まとめて行うのが効率的 87

動画編集は時間・お金をかけずに効率的に

▶ 編集は「CapCut」がベスト 88

▶ 視聴維持率を意識した構成を 90

▶ 飽きられない動画編集のコツ8選 92

▶ BGMは小さめに 94

投稿作成時に必ず意識・実践したいこと

▶ 完成した動画を投稿する 96

▶ 投稿作成時に意識すべきポイントその1　タイトル 98

▶ 投稿作成時に意識すべきポイントその2　サムネイル 106

チャンネル登録者数を増やすためにやること

▶ 投稿時間はゴールデンタイムを狙う 109

▶ チャンネル登録「100人」「1000人」「5000人」を
達成するために 111

▶ コメントは貴重な交流の場。
ユーザーがコメントしたくなる環境をつくる 115

▶ 投稿の「上げ直し」「削除」は厳禁！ 116

Chapter 4

認知度アップの次は応募と問い合わせ数を増やす！
建設業のためのSNS活用／LINE公式アカウント編

LINE公式アカウントにはほかのSNSにはない個別感がある

- ▶LINE公式アカウントとは？ 120
- ▶LINE公式アカウントの特徴 120
- ▶初めは無料プランで十分 122

LINE公式アカウントの開設・設定方法

- ▶まずはアカウントをつくろう 123
- ▶プロフィール設定＆最低限やっておくべき設定 126
- ▶各SNS・ホームページに忘れずに記載を 129
- ▶SNSに記載する誘導文は慎重に 131
- ▶LINE特典もしくはLINE限定動画を用意すると効果的 133

問い合わせ対応はLINEに集約。一斉配信、動画も活用

- ▶ホームページからの問い合わせはハードルが高い 134
- ▶メールよりLINEという人も多い。
  だから問い合わせはLINEに集約 137
- ▶記入項目をできるだけ減らして応募のハードルを下げる 137

▶ 自動返信は使わず、一人ひとり個別に対応する　139

▶ 一斉配信による告知はほどほどに　140

▶ 相談・質問への回答は動画で行うと印象アップ　140

LINE公式アカウント運用で必ず意識したいこと

▶ 1年で2000人以上の登録者を獲得した私の方法　142

▶ 対面での接点は友だち登録につなげる良い機会　145

▶ とはいえ、LINE登録者だけを増やしても実は意味がない　146

▶ 毎日分析をして修正を繰り返すこと　147

Chapter 5

DMでのコミュニケーションで信頼関係を構築！
建設業のためのSNS活用／Instagram編

InstagramはコミュニケーションしやすいSNS

▶ Instagramの機能　150

▶ Instagramの「6つの特徴」　151

▶ ユーザーがフォローをするまでの流れとその重要ポイント　153

フォローしたくなるプロフィールの設定方法

▶ 一目で何をやっているか分かる名前に　155

▶ユーザーネームも検索対象になる	157
▶プロフィール写真はYouTubeと同じものを	158
▶プロフィール文には何を書けばいい?	159
▶投稿を始める前に「ハイライト」の設定は必須	161

動画投稿の際に注意すべきポイント

| ▶投稿内容と投稿のステップ | 163 |
| ▶「投稿」の際に厳守すべきポイント | 164 |

採用数を3倍UPさせるアカウント運用法

▶投稿頻度は最低でも2日に1回	170
▶フォロワーを増やすために大切なこと	171
▶「フォロー」も積極的に。相手は建設業界の関係者のみでいい	172
▶フォロー数とフォロワー数の関係に気を配る	174
▶フォロー解除時の「注意点」	176
▶自社アカウントのデータを日々チェック	178
▶Instagramで避けるべき「マイナス行為9選」	179

ユーザーエンゲージメントを高めるストーリーズの活用

▶ストーリーズとは?	179
▶ストーリーズを「毎日投稿」することが エンゲージメントを高める	181
▶フォロワーとのコミュニケーションを促進する6機能	181
▶ストーリーズ投稿例	184
▶ストーリーズをたくさん投稿してDMへとつなげよ	185

Chapter 6

バズる動画で
さらに認知度アップを狙う！
建設業のためのSNS活用／TikTok編

TikTokのポテンシャルは絶大

   ▶TikTokの機能   188

   ▶TikTokの「5つの特徴」   188

   ▶ユーザーがフォローするまでの流れ   190

アイコン、ユーザー名などはInstagramと共通に

   ▶まずはアカウントを開設。各項目はほかのSNSと共通に   191

   ▶フォロワー1000人を超えたら「ウェブサイト」を設定する   192

動画を一気に拡散するためのTikTok運用方法

   ▶投稿内容と投稿のステップ   194

   ▶投稿頻度と投稿時間について   194

   ▶投稿説明文に記載すべき必要な項目   196

   ▶ハッシュタグのベストな個数   196

   ▶カバー（サムネイル）の設定も忘れずに   198

   ▶TikTokでのフォローはどうする   198

Chapter 7

すぐにできる！ 早くやる！
SNS活用が企業成長のカギを握る

2025年以降は建設業のSNS活用の全盛期がくる！

▶これから建設業もSNSが全盛になる　　　　　　　　　200

▶先んじた行動がアドバンテージを築く　　　　　　　　201

SNSは手段であって目的ではない

▶自社の強み・価値観に基づいたコンテンツの発信を　　202

▶SNSは入り口。その後のコミュニケーションがより重要　203

▶SNSは採用だけでなく集客にも効果を発揮する　　　　204

こんなときどうする？ 困ったときの対処法

▶チャンネル登録者・フォロワーが増えない！　　　　　205

▶再生数が伸びない！　　　　　　　　　　　　　　　　207

▶メッセージ・コメントが集まらない！　　　　　　　　207

▶SNS運用の効果がなかなか出ない　　　　　　　　　　209

▶長期休暇時のSNS運用はどうする？　　　　　　　　　210

▶土日のSNS運用はどうする？　　　　　　　　　　　　210

▶「顔出し」は気が進まない……　　　　　　　　　　　　211

▶現場を撮影する際の注意点は？　　　　　　　　　　　213

▶ひどいコメントが来た　　　　　　　　　　　　　　　214

おわりに 215

▶ SNS運用初期は結果が出ないのが当然 215

▶ SNSを軽視せず、戦略的に位置づける 216

▶ SNS運用で行き詰まったら専門家に相談を 217

Chapter 1

深刻化する採用難

建設業者がSNSに取り組むべき理由

Chapter 1 深刻化する採用難
建設業者がSNSに取り組むべき理由

建設業の採用難は深刻化する一方

▶建設業の活況は続く。しかし人手不足が問題に

　日本の建設業は依然として活況を呈しています。国土交通省の
「建設投資見通し」によると、建設投資額は2010年代初頭の震災
復興をきっかけに増加が始まり、東京オリンピックや政府の経済
対策によってその傾向が維持されてきました。インフラ整備、都
市再開発プロジェクトの推進、老朽化した建築物の更新などが支
えとなり、建設業の活況は今後も続いていくと考えられます。

　一方で、建設業は大きな問題も抱えています。人手不足です。
建設業の就業者数は、1997年のピーク時には約685万人でした
が、2022年時点では約479万人となり、3割減っています。

　建設需要が高まっているのに人手が足りないという情勢のな
か、多くの建設関連企業は、人手不足→給料を上げたいがほかの
コストも上昇しているのでなかなか上げられない→人材が確保で
きない……という負のループに陥っていると考えられます。

　私は建設業専門のコンサルタントとして建設会社の経営者に話
を聞く機会が多くありますが、どこの会社でも困り事の筆頭に人
手不足を挙げてきます。業績が良い会社も悪い会社も、社員が数
人の会社も1000人超の会社も、口をそろえて「人が足りない」
と言います。建設業の人手不足はコロナ禍前から始まっていまし
たが、アフターコロナや震災などにより建設需要が上向いたこと

建設業就業者数の推移

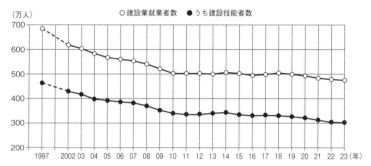

（注）2013年以降は、いわゆる「派遣社員」を含む
（注）建設技能者：総務省労働力調査　表番号Ⅱ-5_産業、職業別就業者数のうち、建設業　職業番号24_生産工程従事者、32_輸送・機械運転従事者、33_建設・掘削従事者、37_その他の運搬・清掃・包装等従事者の合計

出典：建設業デジタルハンドブック（一般社団法人日本建設業連合会）

や、2024年4月から適用された働き方改革による残業時間の上限規制適用などにより、さらに悪化する状況となっています。

▶「大量退職時代」に突入。人材需給はさらに悪化

　このような人手不足の傾向は、今後ますます悪化すると考えられます。その理由の一つが、建設業就業者の高齢化の進行です。次ページのグラフが示すように、建設業の就業者は、55歳以上が35％以上を占める一方、29歳以下は12％程度となっています。
　そしてほかの業種と同様に建設業界においても「2025年問題」が到来します。2025年問題とは、団塊の世代（1947年〜1949年生まれ）の大量退職による人手不足が発生することを指します。

Chapter 1 深刻化する採用難
建設業者がSNSに取り組むべき理由

建設業就業者の高齢化の進行

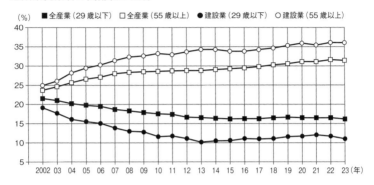

出典：建設業デジタルハンドブック（一般社団法人日本建設業連合会）

　高齢化が進んでいる建設業界にとって、技術継承の問題や人件費の高騰がますます深刻化すると考えられます。

　建設業の将来像を推測したデータもあります。『未来予測2040 労働供給制約社会がやってくる』（リクルートワークス研究所）によると、建設業界では、2030年には22.3万人、2040年には65.7万人の労働供給不足になると推定されています。その結果、道路のメンテナンスや災害後の復旧に手が回らなくなり、インフラの維持管理に大きな問題が生じる可能性が指摘されています。

　なお、人手不足は建設業に限りません。同じ調査によれば、人口減少や少子高齢化を背景に、社会全体における労働の供給量（担い手の数）は2027年頃から急激に減少し、2040年には1100万人もの供給不足に陥るとのことです。

　つまり、建設業に限らずあらゆる業界で問題になっている人手

不足の状況は、まだ始まったばかりということであり今後、業界を超えた人材争奪戦が始まることを覚悟しなければなりません。

▶採用に力を入れるも、苦戦する中小企業

　建設業界の人材不足は深刻な問題ですが、各社が採用に力を入れていないわけではありません。むしろ、多くの建設会社がさまざまな手段を講じて、必死に人材確保に取り組んでいます。特に採用サイトなどには多額の費用を投じています。しかし、大手と中小では採用サイトにかけられる予算に大きな違いがあり、その差で人材獲得の勝ち負けが決まってしまうのも事実です。

　採用サイトには求人の掲載数や掲載期間に制限があり、中小企業は複数の求人を掲載したくても、予算の関係で制約を受けてしまうことが多いといえます。また、掲載期間中に採用が決まらなかった場合でも、利用料金が発生することが一般的です。採用の成否が見えないままコストをかけることは、予算の限られた中小企業にとって大きな負担です。

　さらに、求人サイトに掲載したとしても、求人掲載数の多いサイトのなかでは自社の情報が埋もれてしまうこともしばしばです。これにより、求職者の目に留まりにくくなり、結果的に応募数が伸び悩むことがあります。料金プランによっては、サイト内での表示順位が下がることもあります。高額なプランを選択できる大手企業に対して、中小企業は限られた予算での掲載となるため、自然と表示順位が下がり、求職者の目に留まる機会が減ってしまいます。

Chapter 1 深刻化する採用難
建設業者がSNSに取り組むべき理由

　このように、採用サイトを活用するうえでも中小企業と大手企業の間には大きな格差があり、人材確保の難易度に差が生じています。中小の建設業者は、限られた資源のなかで効果的に人材を獲得する方法を模索する必要があります。

建設業の人材採用には さまざまな問題が

▶建設業者は「本気」でSNSに取り組もう

　採用サイト以外にも、ホームページ制作に過剰なコストをかけたり、ヘッドハンティングに費用を投じたりするケースもありますが、いずれも効果的とはいえません。費用をかけずに行う採用活動としてはハローワークがありますが、スキルのある即戦力を採用するのは難しいといわざるを得ません。

　私が先日話をしたクライアントは、求人サイト、リスティング広告、新聞広告などに年間数千万円もかけているのに効果があまりないと嘆いていました。そのような費用対効果の低い手法に固執するのではなく、新たな採用戦略、つまりSNSに取り組むことが大切なのです。若年層の情報収集手段として旧来のメディアの存在感がますます低くなる一方、インターネットメディア、特にYouTube、Instagram、TikTokを中心とするSNSの役割が格段に高まっています。そしてそれらのユーザーをターゲットに、

20

採用手段としてSNSを活用する企業はますます増加しています。

　今後は建設業界でもSNSが全盛期を迎えると推測されます。少しでも早くSNSを始め、アカウントを伸ばしておくことで、他社との差別化を図れるのです。人手不足に悩む企業はSNSに本気で取り組むべきなのです。

建設業のSNS活用は他業種よりも遅れている?

▶SNSは誰もが使うインフラになっている

　建設業のSNS活用は大幅に遅れています。だからこそ建設業はSNS を活用した採用を積極化すべきなのです。

　総務省『令和4年通信利用動向調査』によれば、インターネット利用者のなかでSNSを利用する人の割合は堅調に伸びており、全体の8割に達しています。またドイツの調査会社Statistaの調査では、日本のSNS利用者数は2022年時点で1億200万人存在し、2027年には1億1300万人に増加すると予測されています。

　つまりSNSは、あらゆる人にとって仕事や生活に欠かせないインフラとなっているということです。企業もこの流れに乗り遅れないためにSNSを活用する必要があります。

Chapter 1 深刻化する採用難
建設業者がSNSに取り組むべき理由

SNSの利用状況（個人）

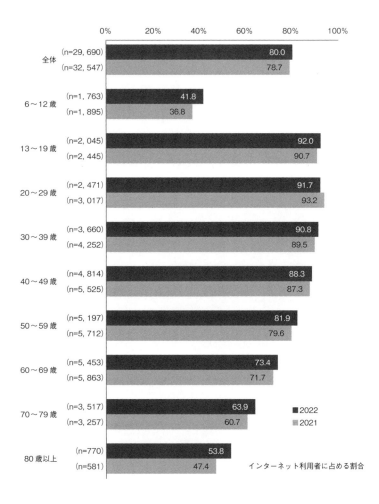

出典：総務省『令和4年通信利用動向調査』

▶実は40%の企業がSNSを活用しているが……

企業のSNS利用に関する調査としては、帝国データバンクが2023年9月に発表した『企業におけるSNSのビジネス活用動向アンケート』があります。この調査によると、企業の40.8%が社外に向けた情報発信にSNSを活用しています。

企業規模別のSNS活用割合は、大企業が43.1%、中小企業が40.5%（うち小規模企業は39.3%）と、企業規模による差は大きくありません。規模にかかわらず、SNS活用に積極的な企業もあればそうでない企業もある、ということなのでしょう。

業種別のSNS活用割合は、小売業が69.3%、サービス業が47.6%と高くなっています。幅広い消費者層をターゲットとしているBtoC（一般消費者向けビジネス）企業のほうが、SNS活用に積極的であることがうかがえます。

では建設業のSNS活用割合はどうかというと、35.2%という結果です。製造（33.3%）、不動産（28.9%）よりは高いものの、まだまだ活用が進んでいないことが分かります。

建設業における媒体別のSNS活用割合は、Instagram 18.6%、LINE 13.1%、Facebook 11.0%、YouTube 8.3%、X 2.1%、その他 2.1%となっています。また60.7%が「何のSNSも活用していない」と回答しています。

企業（全業種）のSNS活用の目的としては、「会社の認知度・知名度の向上」「商品・サービスのプロモーション」「会社や商品等のイメージ向上」「顧客とのコミュニケーションの促進」が多

くなっています。「採用活動での利用」も全体では19.7％を占め
ています。SNSを活用している企業の2割が、人材採用を目的と
しているということです。

▶SNSは「大幅なコスト削減」にもつながる

「一人あたりの採用費はいくらですか？」

　株式会社リクルート　就職みらい研究所の調査「就職白書
2019」によると、建設業界の一人あたりの採用にかかる平均費
用は新卒で69.4万円、中途で97.8万円と、新卒の場合は約70万
円、中途の場合は約100万円もかかるというデータが出ていま
す。つまり3〜4人雇うだけでも300万〜400万円近く、10人以
上を雇うとなると、それだけで1000万円以上のコストがかかる
ことになるのです。

業種別の平均採用単価

業種	新卒	中途
建設業	69.4万円	97.8万円
製造業	69.7万円	102.3万円
流通業	67.7万円	55.5万円
金融業	84.8万円	58.2万円
サービス情報業	78.1万円	86.8万円

出典：就職白書2019

優秀な人材で、長年会社にいてくれるのであれば、それだけお金をかけるだけの価値はあります。ただ、建設業界はほかの業種と比べると比較的短期間で退職するケースが多いので、その人たちを100万円近くお金をかけて獲得するのは非常にもったいないと思われます。それならSNSを駆使してコスト0で行うのが最適なのです。

▶他社が活用していない今こそスタートを

私自身がさまざまな建設業界の顧問先の方々とお話をするなかで感じるのは、SNSを有効に活用できている中小の建設会社はほとんどないということです。「SNSのアカウントは持っている」「ニュースなどの情報発信だけをしている」といった企業はありますが、「SNSを採用や集客に活かしている」という企業に出会うことはなかなかありません。

SNSを活用していない企業が多いということは、今スタートすれば、他社に大きな差を付けられるということ。だからこそ、本書を読んですぐに活用を始めるべきなのです。

▶若者はどんな SNS を見ているのか？

建設業が採用の主なターゲットと見ている若年層は、どのSNSを使っているのでしょうか。総務省の調査結果を見ると次のようなことが分かります。

- 若者に限らず全年代でLINEの利用率が高い。
- 動画共有系では全年代でYouTubeの利用率が高く、10代から30代では90％を超えている。またTikTokは10代で60％を超えている。
- Facebookの利用率は、全年代で減少している。
- Instagramの利用率は、全年代で一貫して増加している。

　このような調査結果を把握することで、採用ツールとして使うならどの媒体にすべきかが明確になります。当然ながら、自社がターゲットとしている層が多く存在するSNSを情報発信の主戦場とすべきです。

　ミレニアル世代（1981年以降に生まれ、2000年代に社会人となった世代）、Z世代（1990年代半ばから2010年代序盤に生まれた世代）といった若者は、デジタルネイティブまたはSNSネイティブといわれています。スマートフォンやSNSの普及期に生まれ育った彼らにとっては、SNSを通じて情報収集や検索、コミュニケーションすることが当たり前になっています。

　もちろん彼らは就職活動にもSNSを駆使します。2025年卒業予定の学生を対象にした調査では、「就職活動を進めるうえで、SNSを活用して情報収集をしていますか？」との質問に、59.6％が「はい」と答えています（i-plus「就職活動におけるSNSの活用状況における調査」）。若者が仕事探しにSNSを活用しているのですから、企業が採用活動にSNSを使わない選択肢はないのです。

▶SNSは「24時間365日働いてくれる
　人事・宣伝担当者」

　SNSは、無料で・24時間・365日、会社の宣伝をしてくれるツールです。あなたが寝ているときも、遊んでいるときも、仕事中も、土日も、長期休み中も、SNSは休まず全国の人に情報を届けてくれます。過去にアップロードした動画も永遠に再生され続けます。

　一方、新聞や求人サイトなどの場合はどうでしょうか？　掲載期間が契約で決められており、長期間掲載すればコストがかかります。莫大なコストをかけて期限付きの広告を出すよりも、SNSを活用するほうがはるかに効果的といえます。

　SNSは、大幅なコスト削減と効率的な人材獲得を同時に実現できる唯一の選択肢です。さらには採用だけでなく集客・ブランディングの面でも高い効果を期待できます。人手不足に悩む建設業界にとって、SNSを活用しない理由はもはや見当たりません。現代の企業はSNSを中心に据えた採用戦略を立てるべきなのです。

Chapter 2

YouTube、LINE、
Instagram、TikTok
建設業者が最低限
押さえておきたい
SNSの基礎知識

Chapter 2 YouTube、LINE、Instagram、TikTok
建設業者が最低限押さえておきたいSNSの基礎知識

ひとくちにSNSといっても
さまざまなものがある

▶人と人とのつながりを促進するサービス

「SNSは見るのが専門で、自分で投稿したことはない」という人が多いかもしれません。また、そもそもSNSとはどんなものか、よく理解していないという人もいるでしょう。そこでこの章では、SNSの基本や、SNSを使った採用戦略の全体像について解説していきます。

そもそもSNSとは、ソーシャル・ネットワーキング・サービス（Social Networking Service）の略称で、インターネット上で人と人とのつながりを促進し、コミュニケーションを図るためのサービスを指します。SNSの主な機能・特徴は以下のとおりです。

●**ユーザープロフィール**　自己紹介や興味関心などの情報を登録し、ほかのユーザーに公開できます。これによりほかのユーザーがその人物に対して理解を深められます。
●**投稿・共有**　テキスト、画像、動画などのさまざまな形式で情報を投稿し、ほかのユーザーと共有できます。
●**コミュニケーション**　ほかのユーザーの投稿に対して、「いいね」を付ける、コメントを付ける、ダイレクトメールを送るなどの方法で双方向のコミュニケーションが可能です。
●**フォロー・フォロワー**　自分のSNSアカウントをフォローし

30

てくれるユーザーのことをフォロワーといいます。フォロワー
が多いということは、より多くの人に自分の投稿や意見が届く
ことを意味し、影響力が広がることにつながります。

●**グループ・コミュニティ**　共通の興味や目的を持つユーザーで
「グループ」や「コミュニティ」を形成し、特定のトピックに
ついて話し合う機能があるSNSもあります。

　代表的なSNSとしては、Facebook、X（旧Twitter）、Instagram、
LINE、TikTokがあります。YouTubeは動画共有サービスです
が、コミュニケーション機能やフォロー機能があることから、広
義のSNSととらえられます。

　SNSは、個人間のコミュニケーションだけでなく、企業の宣
伝や情報発信、ニュースの配信など、さまざまな目的で利用され
ています。SNSは現代社会において、人々の情報収集や交流の重
要な手段となっています。

日本でユーザーの多いSNSの特徴

▶SEO（検索エンジン最適化）に圧倒的な強さを発揮する「YouTube」

　次に、日本で個人・企業に利用されている主なSNSの特徴を
簡単に解説します。まずはYouTubeから。

Chapter 2 YouTube、LINE、Instagram、TikTok
建設業者が最低限押さえておきたいSNSの基礎知識

　動画共有サイトであるYouTubeは、全年代の87％以上が利用しています。年代を問わず幅広く使われているプラットフォームといえます。YouTubeは企業にとっても強力なSNSツールです。Googleの子会社であるため、YouTubeに投稿された動画はGoogle検索結果の上位に表示される傾向にあります。したがってYouTubeに動画を積極的に投稿することにより、企業は多くのキーワードで「Google検索上位表示」を狙えます（45ページ以降で詳しく説明します）。

　またほかのSNSに動画を投稿した場合と比較しても、YouTubeは動画の再生回数やチャンネル登録者数が伸びやすい特徴があります。動画SNSであるため、採用ツールとしては社長や社員へのインタビュー、仕事内容の紹介、現場の紹介など、さまざまな内容で情報を発信できます。

　なおYouTubeでは長尺動画（横長サイズ）とショート動画（縦長サイズ）の両方を投稿できます。2021年までは長尺動画が主流でしたが、2022年以降はショート動画の人気が高まっています。縦長・短尺動画の共有サイトとして人気が高まっているTikTokに対抗するために、YouTubeもショート動画に力を入れていると考えられます。

　いずれにしても企業がYouTubeを利用する場合は、ターゲットとする視聴者層や伝えたいメッセージに合わせて、適切な動画形式（通常動画かショート動画か）を選択することが重要です。YouTubeを効果的に活用することで、検索エンジン上での存在感を高め、ターゲットとする求職者への認知度を向上させられま

YouTubeの通常動画（左）とショート動画（右）

す。さらに、動画コンテンツを通じて製品やサービスの魅力を伝え、潜在的な求職者との結びつきを深める効果も期待できます。

▶ファン化、イメージアップに最適な「Instagram」

　Instagramは、写真や動画を中心としたソーシャルメディアプラットフォームです。2010年に設立され、2012年にメタ・プラットフォームズ（旧Facebook）が買収しました。

　全年代の利用率は50％以上と高く、なかでも10〜30代の若い年代では60％以上が利用しています。

　Instagramはプライベートで利用している人も多く、簡単そうな印象があるのか、企業が始める最初のSNSに選ばれるケース

Chapter 2 YouTube、LINE、Instagram、TikTok
建設業者が最低限押さえておきたいSNSの基礎知識

が多いようです。

　しかし私は、Instagramは最も運用が難しいSNSだと考えています。その理由は、機能が豊富で使いこなすには慣れが必要なことや、見せ方を工夫しなければほかのアカウントのなかで埋もれてしまうおそれがあること、TikTokやYouTubeショートのような拡散力が2024年7月時点ではまだ低いことなどにあります。フォロワー数もTikTokやYouTubeと比較すると増えにくい傾向にあります。

　一方でInstagramは、ファン化、イメージアップ、採用活動に適したSNSです。Instagramではダイレクトメッセージ（DM）やストーリーズのコメント機能を利用して、フォロワーや視聴者との密接なコミュニケーションが行えます。これにより企業と潜在的な求職者との距離を縮め、強い関係性を構築することが可能です。この点においてInstagramはほかのSNSよりも優れています。

▶バズったときの効果は非常に大きい「TikTok」

　TikTokは、15秒から10分までの短尺・縦長動画に特化したソーシャルメディアプラットフォームです。中国で2016年に設立され、その後世界中で急速に人気を獲得しました。TikTokを利用したことのある人は、「若い女性が曲に合わせてダンスしているSNS」というイメージを持っているのではないでしょうか。

　実際にTikTokは、若い世代のユーザーが中心で、エンターテインメント性の高いコンテンツが人気です。総務省の調査による

とTikTokの日本での利用率は、全年代では3割弱なのに対して、10代では66％、20代では48％と、若者に圧倒的に支持されています。しかし、意外にもTikTok利用者の平均年齢は2021年時は34歳、2023年には36歳となっていました。よって、10代・20代だけでなく、30代〜50代の人も参入してきたということも頭に入れておくといいでしょう。決して若者しか利用しないSNSではありません。

　SNSで、ある投稿がたくさんの注目を集めて急速に広まることを「バズる」といいますが、特にTikTokはバズるスピードが速いという特徴があります。

　TikTokでは、ユーザーが以前に見た動画や好んで見る動画をもとに、似たような趣味を持つほかのユーザーにその動画を推薦します。これらのユーザーが動画を見て、共有したり、「いいね」やコメントをしたりすることで、動画はさらに多くの人に広がります。このように一連のレコメンド機能とユーザーの動きが連鎖して、動画が瞬く間に広まったり、短期間で数百万回以上再生されたりすることも珍しくありません。

　建設業のTikTok活用では、この強力な拡散力を活かすことが重要です。短時間で強いインパクトを与えるコンテンツを作成し、建設業界の魅力を伝えるユニークな切り口や、若い世代に向けたトレンドを取り入れることで、多くのユーザーの関心を引きつけられます。また、会社の雰囲気や社員の人柄を伝えるリアルなコンテンツで視聴者との親近感を高めるのもいいでしょう。

　TikTokを活用することで、建設業界は短期間で多くの若者に

Chapter 2 YouTube、LINE、Instagram、TikTok
建設業者が最低限押さえておきたいSNSの基礎知識

リーチし、業界の魅力を広く伝えられます。その結果、特に10代から30代の応募者数の増加が期待できるのです。

▶個別感で求職者との距離を詰める「LINE公式アカウント」

日本でのLINEの利用者は現在1億人近く（全年代の94％）に上り、日本人のほとんどが日常的に利用しているアプリといっても過言ではないでしょう。そのLINE上で、友だちに追加してくれた人とコミュニケーションできるのがLINE公式アカウントです。

最大の特徴は、普段使っているLINEと同じような感覚で、ユーザー（求職者・応募者）と気軽に素早くメッセージのやりとりができることです。ユーザーにとってLINEは、InstagramやTikTokのダイレクトメッセージ（DM）よりも個別感があります。ユーザーは企業側のSNS運用担当者（採用担当者）に対して気軽に質問し、企業側がその質問に答えていくうちに、両者の距離が縮まります。

さらに、多くの企業では採用のためにエントリーシートを使用していますが、エントリーシートの入力には手間がかかり、応募者が途中で離脱してしまうこともあります。しかしLINEを使えば、エントリー段階での離脱を防ぐ効果が期待できます。最初に送る「あいさつメッセージ」の時点で、「①〜⑤を記入してメッセージください」などと伝えて、返信するかたちで記入してもらえばいいからです。この気軽さはほかのSNSにはない大きな強みです。

▶テキストベースのため建設業界には向かない 「X (旧 Twitter)」

　Xはテキスト主体のSNSです。動画での投稿も可能ですが、ほかの動画中心のSNSと比べると拡散力は限られており、多くのフォロワーを集めることは難しいといえます。

　建設業界の会社が採用にSNSを活用するうえで大切なことは、会社の雰囲気や社員の人柄を伝えることだと私は考えます。よって、テキスト主体のSNSよりも、動画を通じて臨場感のある情報発信ができるSNSのほうが適しています。テキスト主体のXでは、企業の魅力を十分に伝えきれない可能性があります。

　私自身も「建設業専門のSNSコンサルタント」として複数のSNSを運用していますが、YouTube、Instagram、TikTokと比べてXはなかなかフォロワー数が伸びないことを実感しています。ただ、実はXも近い将来TikTokのような動画中心の媒体になる可能性があります。XがTikTok化した場合は、すぐにXにも力を入れるといいでしょう。

　以上の理由から、建設業界が採用目的でSNSを活用する際は、動画の拡散に強いSNSを選ぶことが賢明です。

　ただし、Xの活用を否定するわけではありません。Xは利用者の多いプラットフォームであることは事実。「社長や社員が自分の理念や考え方、人柄を発信する」といった使い方には向いているといえます。

Chapter 2 YouTube、LINE、Instagram、TikTok
　　　　建設業者が最低限押さえておきたいSNSの基礎知識

▶若年層のユーザーが少ない「Facebook」

　Facebookは、友人や知人とのコミュニケーションを目的としたSNSです。使い方は比較的シンプルで、初心者でも取り組みやすいプラットフォームといえます。

　Facebookは、ほかのSNSと比べてユーザーの年齢層が高いことが特徴です。利用率（2022年度）は、10代11.4％、20代27.6％、30代46.5％、40代38.2％、50代26.7％、60代20.2％となっています。Facebookのことを「おじさんのSNS」と揶揄する声もあるほどです。30代、40代をターゲットとする場合は、Facebookを採用ツールとして活用するのもアリかもしれません。

　一方、若手人材の獲得を目指す場合、Facebookでは十分な効果を得ることが難しいでしょう。また、FacebookにはほかのSNSと比べると拡散しにくいというデメリットもあります。そしてFacebookの投稿はFacebookのユーザーにしか表示されません。つまり、Google検索などでは見つけられにくいということ。これは大きなデメリットです。建設業界が採用目的で利用するSNSを選ぶなら、Facebookの優先順位は低くなるといえます。

建設業者が押さえておきたい SNSは、ズバリこの4つ

▶建設業は4つのSNSを同時運用せよ！

SNSを活用した採用活動に興味を持つ建設業界の企業は増えていますが、実際に始めるとなると、多くの疑問や不安を抱えている人もいるでしょう。「SNSの種類が多すぎて、何から始めればいいのか分からない」「すべてのSNSを活用すべきなのか」「自社に最適なSNSはどれなのか」といった質問が浮かんでくるかもしれません。

結論からいえば、建設業の採用活動に最も効果的なのは、

- YouTube
- LINE公式アカウント
- Instagram
- TikTok

の4つのSNSを同時運用することです。これらのSNSで同時にアカウントを作成し、並行して情報発信・コミュニケーションを行うようにしましょう。この4つに絞った理由を次に説明します。

Chapter 2 YouTube、LINE、Instagram、TikTok
建設業者が最低限押さえておきたいSNSの基礎知識

▶理由1　利用者が圧倒的に多いから

　建設業界がSNSを活用して採用活動を行う際、YouTube、LINE公式アカウント、Instagram、TikTokに注目すべき理由の一つは、これらのプラットフォームの利用者数が圧倒的に多いからです。SNS各社が公表した資料やニュースなどの情報によると、国内ユーザー数は以下のとおりとなっています。

　日本国内のSNS利用者数ランキングでは、LINEが約1億人と最も多く、日本の総人口の大部分をカバーしています。次いで、YouTube、X、Instagram、TikTok、Facebookと続きます。データが公表された時期がまちまちなので単純比較はできないものの、私の体感値としてもこの順位はおおむね正しいと思えます。

　ほかのSNSと比べて利用者数は少ないものの、今後の成長が期待できるのはTikTokです。なぜなら、現在のTikTokユーザーは10代、20代が中心であり、今後はほかの世代にも拡大していくと考えられるからです。

　YouTubeも世に出たばかりの頃は若い世代しか利用していませんでしたが、次第にユーザー層が広がり、今では全年代が利用するメディアとなりました。TikTokも近い将来、YouTubeのように急成長を遂げる可能性が高いと考えられます。今後、5000万、7000万人以上のユーザーを抱えるSNSになると私は考えています。一方で、XとFacebookは若年層の利用者が減少傾向にあります。

　以上の理由から、利用者数が圧倒的に多く、今後も成長が見込まれる4つのSNS（YouTube、LINE公式アカウント、Instagram、TikTok）の利用を推奨します。

主要SNSの日本国内での月間利用者数（アクティブユーザー）

	月間利用者数（発表・参照時期）
LINE	9700万人以上（2024年3月）
YouTube	7120万人以上（2023年10月）
X	6650万人（2024年2月）
Instagram	6600万人（2023年11月）
TikTok	2700万人（2023年9月）
Facebook	2600万人（2019年7月）
ニコニコ動画	1309万人（2024年5月）
Pinterest	870万人（2021年4月）
LinkedIn	300万人（2024年3月）

▶理由2　動画に強いSNSだから

　建設業界がSNSを活用して採用活動を行う際、4つのSNSを選ぶべき二つ目の理由には、これらのプラットフォームが動画に強いということが挙げられます。

　現代は動画の時代であり、そのなかでも特にショート動画が大きな注目を集めています。YouTubeとTikTokは動画に特化したSNSですし、Instagramは画像を中心としつつも、ショート動画の投稿が可能です。LINEにも「LINE VOOM」という動画機能があります。一方、XとFacebookは主にテキストと画像を中心としたSNSであるため、視聴者やターゲットに伝えたい情報が伝わりにくく、文章だけでは限界があります。

　求職者に社員の人となりを伝え、親近感を抱いてもらうには、テキストや画像よりも動画が適しています。動画は、話者の表情

Chapter 2　YouTube、LINE、Instagram、TikTok
建設業者が最低限押さえておきたいSNSの基礎知識

や声のトーンなどの非言語的要素を含むため、より深いレベルでのコミュニケーションが可能になります。動画に強いSNSを中心とした運用は採用に最適です。

▶理由3　拡散力が圧倒的に強いから

　YouTube、Instagram、TikTokは、ほかのSNSと比べても圧倒的に拡散力が強いです。これがSNSコンサルタントとしての経験に加え、ほかのSNSインフルエンサー（フォロワーが多い発信者）のコンテンツを分析したうえで得られた私なりの考えです。一方でX、Facebookはテキスト・画像が中心で、動画での拡散力は低いといえます。

　次ページの画像は、私のSNSアカウントです。YouTube、Instagram、TikTokでは、数万回、数十万回と再生されている投稿もたくさんあります。一方、同じ内容をXやFacebookに投稿しても、再生回数は数十回、数百回という寂しいレベルになっています。

　これが拡散力の違いです。このようにYouTubeを中心に、InstagramとTikTokを補助的に活用することで、より広範囲のターゲットにアプローチできるのです。

▶理由4　「ファン化」できて、
　　　　　優秀な人材の獲得につながるから

　SNSはファン化を促進し、優秀な人材の獲得に効果を発揮します。特に、LINE公式アカウントとInstagramは大きな役割を

YouTubeのアカウント	Instagramのアカウント	TikTokのアカウント

YouTubeでは数十万回再生されることも珍しくない。過去最高再生回数は86万回と圧倒的。	動画の内容にもよるが、1投稿平均再生回数5000回ほどで、5本に1本は1万〜50万回再生されている。	毎投稿で平均3万回ほど再生されている。過去最高は63万回。

果たします。

　例えば、あなたが関心を持っている芸能人、インフルエンサー、または会社にメッセージを送り、その相手から丁寧な返信があったらどのように感じるでしょうか？　おそらく、相手の対応に感激し、さらに興味や関心を持ち、ファンになるのではないでしょうか。

　人材の獲得においても、このようなコミュニケーションが効果を発揮します。普段からの何げないコメントのやりとりや交流がきっかけとなって、その会社や社員のファンが増えていきます。その結果、「この会社で働きたい」と思ってくれる人が増え、応募・

Chapter 2 YouTube、LINE、Instagram、TikTok
建設業者が最低限押さえておきたいSNSの基礎知識

採用へとつながります。

　ファン化を促進するにはメッセージ機能が必要です。YouTube
にはダイレクトメッセージ（DM）機能はありませんが、LINE
公式アカウント、Instagram、TikTokにはDM機能が存在します。
特にLINE公式アカウントでは、ユーザーが日常的に利用する
LINE上で１対１の対応ができるため、コミュニケーションを深
めるには最適な手段です。

▶ ４つのSNSを同時に運用することは難しい？

　本書では、YouTube、LINE公式アカウント、Instagram、TikTok
の４つを使ってリクルーティングを進めていく方法をお伝えして
います。これまでSNSを運用したことがない企業にとって、い
きなり４つも運用することはとてもハードルが高そうに思えます
が、心配することはありません。

　なぜならば、「１つの動画コンテンツを作成し、３つのSNS
（YouTube、Instagram、TikTok）に投稿する」という使い回し
作戦を提唱しているからです。使い回すだけですから、慣れれば
投稿にそれほど時間はかかりません。

　同じ手間なら、１つのSNSだけに投稿するよりも、３つに投
稿したほうが、潜在的な求職者にアプローチできる確率は大幅に
高まります。ちなみにLINE公式アカウントは、動画を投稿する
ために使ってもいいのですが、どちらかといえば求職者とメッ
セージのやりとりをするために使用することを想定しています。

　それでも「４つ同時に運用するのは難しい」と考える場合は、

44

LINE公式アカウントを省いて「YouTube、Instagram、TikTok」の３大SNSに絞っていただいても構いません。せっかく投稿用動画を作成するのですから、YouTubeだけでなくほかのSNSにも投稿したほうがお得です。

　しかし、それでもまだハードルが高いと感じる場合もあるかもしれません。SNSに慣れた担当者が社内にいないうえに、忙しくてなかなか時間を割けないというケースです。その場合はYouTubeのみに集中するといいでしょう。YouTubeは動画コンテンツの王様ともいえるSNSであり、建設業界の魅力を伝えるのに最適なプラットフォームだからです。そしてYouTubeの運用に慣れたら、ほかのSNSも徐々にスタートさせてください。

動画投稿を中心としたSNS運用で簡単かつスピーディーに効果を出す

▶主軸となるSNSは「YouTube」

　４つのSNSのうち軸となるのはYouTubeです。YouTubeを中心に、その他のSNSを運用していくことを私は推奨します。ではなぜYouTubeを軸にすべきなのか？　その理由は前にも少し触れましたが、YouTubeがSEO対策として強力だからです。

　SEOとは、Googleの検索エンジンで、自社のホームページを検索結果の上位に表示させるための工夫のことを指します。具体

的には、ホームページ内で使われるキーワードの選定やコンテンツの質的向上、定期的な更新などの施策が挙げられます。SEO対策を実施して検索上位を獲得するには専門的な知識や技術が必要で、外部のSEO会社に依頼すれば少なくないコストが毎月発生します。

しかし、「YouTubeへの投稿」を行えば、そのようなSEO対策が簡単かつほぼ0円でできてしまいます。

▶ なぜ、YouTubeはSEOに強いか

YouTubeがSEOに強い理由は、YouTubeがGoogleの子会社であり、YouTubeへ投稿された動画をGoogleが優遇しているからです。

例えばYouTubeで動画を投稿すると、その動画がYouTubeの検索結果だけでなくGoogleの検索結果にも表示されます。言うまでもなくGoogleは、すべてのインターネットユーザーが日常的に利用する検索エンジンであり、その検索結果の上位に表示されることになれば、自社サイトへ多くのユーザーを誘導する効果が期待できます。

実例をお見せしましょう。Googleで「建設業　SNS　茨城県」と検索してみてください。私の投稿したYouTubeショート動画が上位に表示されているはずです。

私はこの動画を検索上位にするために、あれこれとSEOのテクニックを駆使したことはありません。30秒足らずのショート

動画を撮影し、YouTubeに投稿しただけです。それだけで2時間後には、Google検索のトップに表示されていました。

一方、ほかのSNSに同じ動画を投稿した場合はどうでしょうか。検索上位どころか、10位〜50位にも入ってきません。そのため、投稿の影響範囲はSNS内に限定されてしまいます（ちなみにTikTokへの投稿なら、Google検索上位を獲得できることもあります）。

▶YouTubeショートはさらにSEOに強い

「YouTubeはGoogleに優遇されている」と書きましたが、そのなかでもさらにYouTubeショートは優遇されています。動画投稿後のGoogle検索結果への表示スピードが驚異的に速いのです。

私が実験したところ、平均4時間〜6時間、最短2時間という非常に速いスピードで表示されます。これは大きな強みであり、メリットです。

YouTubeショートを投稿することで、無料で、誰でも簡単に、当日もしくは翌日という異常なス

YouTubeショート動画を投稿後、数時間で検索トップに

動画のタイトル上に「2時間前」と表示されている。投稿2時間後に検索上位に表示されていることを意味する。

ピードでGoogle検索の上位に表示させることが可能になります。これは、ほかのSNSや通常のSEO対策ではあり得ないことです。

▶国内No. 1の検索エンジンは「Google」

就職先を探している人のなかには、Googleなどのサイトでキーワードを検索して探す場合も多くあります。YouTubeに力を入れ、Googleの検索上位を獲得することで、YouTubeとGoogleの両方に網を張ることができ、幅広く求職者へアプローチすることが可能となります。

検索エンジン使用率ランキングは日本、世界ともに圧倒的1位なのが「Google」。日本国民の8割以上の人がなんらかの情報を得ようとするときに、検索サイトは「Google」を使っているという

検索エンジン使用率ランキング（スマホ）

	順位	検索エンジン	使用率
日本	1位	Google	85.1%
	2位	Yahoo!	12.7%
	3位	Bing	0.8%
世界	1位	Google	95.2%
	2位	Yahoo!	0.7%
	3位	Bing	0.5%

出典：Statcounter Global Stats

ことです。よって、YouTubeに力を入れることで、YouTube内だけでなく、国内No. 1の検索エンジン・Googleの検索上位もしくは1位を獲得することができ一石二鳥なのです（ちなみに検索サイトのYahoo!も2024年7月時点ではGoogleの検索エンジンを使用しているので、Yahoo!でも同様に表示されます）。

▶なぜ、「動画の投稿」を中心とすべきなのか

そもそもなぜ、SNS採用戦略で動画の投稿を中心にすべきなのでしょうか。建設業界の会社がSNS投稿を「動画」にすべき理由は以下の6つです。

①人柄が伝わりやすいから

建設業界は、どうしても「怖そう、危なそう、つらそう、汚そう」などのイメージを持たれがちです。実際に、泥だらけ・汗まみれになって危険な仕事に取り組むという一面はあるでしょう。しかし一方で、職場の雰囲気が良い、頼りになる上司・社長や楽しい先輩がいるなど、魅力的な一面もたくさんあるはずです。

そのようなイメージを伝えられるのは、テキストや画像（静止画）ではなく動画です。動画を見せることで、会社の雰囲気や働いている人たちの人柄が視聴者に伝わりやすくなり、「この会社楽しそう」「この人たちと一緒に働きたい」と思ってもらえます。

②一生懸命さ・ひたむきさがより伝わる

「建設業＝やんちゃな人の集団」といったイメージがあることも

事実です。しかし、実際の建設業の皆さんは、自分の肉体を駆使し真面目に仕事に励んでいます。額に汗して現場作業に励む姿は、ほかの業界では見られない尊い光景といえます。動画で作業している様子を映すことで、その一生懸命さ・ひたむきさが伝わりやすくなります。

また、「やんちゃそうな人なのに、とても真面目に仕事をしている」「SNSなんてやらなそうな人たちが、SNSに力を入れている」「しゃべりが苦手そうなのに、頑張って話そうとしている」といったギャップは興味を引かれやすく、再生数増へとつながります。

③現場は迫力があり、興味を引かれやすい

現場の仕事風景は普段、一般の人には見ることはできません。人は自分が経験したことのない未知のことに興味を引かれます。難しい作業、危険な作業、高度な技術を要する作業などを動画にすることで、その迫力や難しさが伝わり、「すごい！」「かっこいい！」といった印象を持ってもらえます。

④動画のほうが視聴数を取れる

テキストや画像よりも動画のほうが、視覚的訴求力や没入感が高く、SNSの視聴数（再生数）を獲得しやすいというメリットがあります。また多くのSNSプラットフォームでは、動画コンテンツを優先的に扱うアルゴリズムが導入されています。これは、動画コンテンツがユーザーエンゲージメント（「いいね」を押す、コメントを残す、動画を再生するなどのアクションのこと）を高め、滞在時間を延ばすことが知られているためです。結果として、動

画投稿はより多くのユーザーに表示される傾向があります。

⑤静止画はTikTok・YouTubeへの投稿ができない

　動画の場合は、1つつくってしまえば、YouTube、Instagram、TikTok、LINE公式アカウント、X、FacebookとすべてのSNSに投稿可能です。画像投稿だと、このような使い回しができません。どうせ投稿するなら、幅広いSNSに投稿したほうが、情報が拡散する可能性は高くなります。その意味でも、多様なプラットフォームに活用できる動画が有利です。

⑥動画は情報伝達力が高い

　文字との比較で、画像は7倍、動画は5000倍もの情報を伝えられるといわれています。アメリカの調査会社Forrester ResearchのJames L. McQuivey博士の研究結果によると、「1分間の動画から伝わる情報量は、文字に換算すると180万語、WEBページに換算すると約3600ページ分になる」とのことです。

　新聞記事やテキスト中心の求人広告、SNSの画像投稿では、十分に情報を伝えることはできません。これに対して動画なら短い時間で効果的に情報伝達ができます。

▶YouTubeショート→ほかのSNSへ転用

　各SNSで投稿できる動画の最大時間は、以下のように異なります（2024年時点）。

Chapter 2 YouTube、LINE、Instagram、TikTok
建設業者が最低限押さえておきたいSNSの基礎知識

- ●YouTubeショート　最大60秒
- ●Instagramのリール　最大3分
- ●TikTok　最大10分

　よって、1つの動画をほかのSNSで使い回すには、YouTube
ショートの時間に合わせた60秒の動画をつくる必要があります。改
めて、本書が推奨するSNS戦略を整理すると次のようになります。

動画を撮影・編集
　➡その動画をYouTubeショートに投稿
　➡同じ動画をInstagram、TikTokにも投稿
　➡LINE公式アカウントなどでユーザーとやりとり

　このなかでLINE公式アカウントは、YouTubeやInstagram、
TikTokでの発信から誘導して「友だち」登録してもらい、問い
合わせを経て採用へとつなげるために使います。YouTubeや
Instagram、TikTokでも直接ユーザーとやりとりすることは可
能ですが、個別感のあるタイムリーなやりとりは難しいものがあ
ります。興味を持ってくれた求職者を離脱させないためにも
LINE公式アカウントの運用は大切です。
　動画を撮影・投稿するからといって、高価なビデオカメラや有
料の編集ソフトなどは必要ありません。用意するのは基本的にス
マートフォン（以下スマホ）のみで、編集ソフトも無料のもので
十分です。できれば用意してほしい機材として照明や三脚もあり
ますが、必須というわけではありません。コストをかけず、手軽
に始められるのがSNS採用の優れた点です。

52

まずは目的・ペルソナの設定から

▶「目的」と「ペルソナ」の設定は不可欠

SNSアカウントを作成し、投稿を開始する前に最も重要なのは、目的とペルソナ（ターゲット像）を明確にすることです。まず、SNSを活用する目的を定義しましょう。

- 学生や転職希望者、職人を集める「採用目的」なのか？
- 顧客を増やし、売上増加を目指す「集客目的」なのか？
- 採用と集客の両方で会社のイメージアップを図る「ブランディング目的」なのか？

目的によって、SNS活用の方法は大きく異なります。採用目的の場合、「人物を中心とした投稿」が効果的です。一方、集客目的の場合は、「人物を中心とした投稿」に加え、「会社の強み」「過去の施工実績」「会社の雰囲気」を取り上げた投稿などもすることが大切です。

目的を明確にせずに始めてしまうと、一貫性のないアカウントになり、結果的に採用、集客、ブランディングのいずれにもつながらなくなってしまいます。

Chapter 2 YouTube、LINE、Instagram、TikTok
建設業者が最低限押さえておきたいSNSの基礎知識

▶詳細なペルソナを設定する

　次に、ペルソナを設定しましょう。例えば採用目的の場合、年齢、性別、住んでいる場所、仕事内容などについて具体的に考える必要があります。

　このようにしてペルソナを具体的に設定することで、発信活動がより行いやすくなり、閲覧者・視聴者に響くコンテンツを提供できるようになります。SNSを立ち上げる前、投稿を始める前に、必ず「目的」と「ペルソナ」を明確にしておくことが成功への第一歩です。

投稿の頻度は週3回を徹底しよう

▶継続することでアカウントが育つ

　SNSで多くの人に投稿を見てもらい、注目を集めるために大切なことは、継続的な投稿です。継続的な投稿は、SNSでの存在感を高め、フォロワーとの絆を深めるために欠かせません。
　では、具体的にどのくらいの頻度で動画を投稿すればいいのか。私がおすすめしているのは、週3本の作成・投稿です。その理由は次の2つです。

①定期的な投稿がアカウントの成長に不可欠だから

　私は建設系だけでなく飲食系・美容系・ビジネス系・スポーツ系などさまざまなジャンルのSNSを運用した経験があります。その経験から実感したことは、「投稿までの間隔を5日～1週間以上空けた場合、アカウントの成長が見込めない」ということです。

　YouTubeやInstagram、TikTokのアルゴリズムは、投稿頻度の低いアカウントを推奨表示しにくい傾向があるようです。週3を継続していれば、アルゴリズムに「頻繁に投稿しているアクティブなアカウントである」と判断してもらえます。

②運用担当者が継続しやすい本数だから

「毎日投稿してください」あるいは「週5回投稿しましょう」と言われたら、難しいと考えてしまうでしょう。しかし、週3投稿であれば2日に1回ですから、グッとハードルが下がり、「これならできる！」と感じるのではないでしょうか。

　もちろん、可能なら毎日投稿が理想的ですが、途中で挫折してしまうよりも、週3本の投稿を継続するほうが長期的には効果的です。投稿頻度を下げることで、空いた日は企画を考えたり、動画の撮り方や編集の勉強に充てたりできます。「SNSを投稿する」という習慣を身につけることで、半年、1年、3年、5年と継続することが可能になります。

　投稿のバランスも重要です。「月曜日に3本投稿して、火曜日から日曜日は休む」といった特定の曜日に偏った投稿は避けるべきです。「月・水・金」「火・木・土」など1日おきに投稿するよ

うにしましょう。登録者やフォロワーに「この人はいつも何曜日の何時に投稿している」と覚えてもらうためにも、バランスの良い投稿が大切です。

▶ 週3投稿が難しいなら？

　週3本の投稿が難しいと感じる場合は、社内のリソースで継続可能な頻度を設定しましょう。とはいえ、最低でも週1回の投稿を行うことが重要です。

　10日に1回や2週間に1回では、頻度が少なすぎてアカウントの成長は見込めません。とにかく、週1回以上投稿をし、継続することが何よりも大切です。

　適切なSNS運用には、本気で取り組む姿勢が不可欠です。SNSの担当者は、1日あたり最低でも1～2時間の専念時間を確保し、就職・転職希望者の心に響くコンテンツを継続的に提供するよう心がけてください。

Chapter 3

Google検索 上位を独占し 認知度を高める!

建設業のためのSNS活用 ／YouTube編

YouTubeの特徴を理解する

▶10〜20代はテレビよりもYouTube

2023年3月に民放連研究所が実施した「放送のネット配信への
ニーズに関する調査」によると、各メディアの利用率は、テレビ
が87%、ネット動画（YouTube、ネットテレビ、ビデオオンデマ
ンドサービス、TikTokなど）が82%、YouTubeが74%という結
果になっています。相変わらずテレビは強いことが分かります。

ところが15〜29歳の層では、テレビよりもネット動画の利用
率が高くなっています。若者には「動画を見るならテレビよりも
ネット」が習慣として根付いているのです。

ネット動画のなかでも特に強いのがYouTubeです。本書の
SNS採用戦略では、動画サービスの王様といえるYouTubeのなか
で、特にYouTubeショート動画を中心とした投稿を提案します。

▶YouTubeショートとは？

本書のSNS採用戦略の主軸であるYouTubeショートについて
より詳しく解説しましょう。

YouTubeショートは、YouTubeが提供する短尺動画共有サー
ビスです。パソコンのブラウザまたはスマホのアプリでYouTube
にアクセスすると、通常の動画に交じってショート動画がおすす
めの動画として表示されるのがお分かりになるはずです。

ショート動画のほうが動画の長さが短く、次々と視聴できるため、ユーザーの興味を引きつけやすいという特徴があります。スマホで手軽に撮影・編集・閲覧することを前提としたサービスといえるでしょう。

　YouTubeショートには以下の特徴があります。

①動画の長さは最大60秒

　YouTubeショート動画は、投稿時間が最大60秒に制限されています。TikTokやInstagramと比べると短いですが、採用媒体として活用するなら60秒でも十分な情報が伝えられます。TikTokやInstagramへの横展開を考慮し、60秒以内で動画を作成しましょう。

②初期の伸び悩みは成長の一過程

　YouTubeショート動画の運用を開始し、数本投稿したくらいでは再生数はほとんど伸びません。しかし、これは一時的な現象に過ぎません。私自身がいろいろなジャンルのYouTubeアカウントをつくりショート動画を投稿してきた経験では、8〜15投稿目あたりから徐々に再生数が増加することを実感しています。そして、なかには10万、30万、50万回という驚異的な数字を記録する投稿も出てくるはずです。

③チャンネル登録者数の増加に最適

　YouTubeは、InstagramやTikTokと比較してチャンネル登録者数（フォロワー）が増えやすい傾向にあります。ユーザー数が

多く、利用者の年齢層も幅広いため、建設関連の動画は興味を持たれやすいのです。初めは伸び悩んでも、TikTokと同様の拡散力・爆発力を秘めているので、諦めずに投稿を続けましょう。

　私の建設業SNSアカウント（YouTube、Instagram、TikTok）のなかで最もフォロワーが多いのはYouTubeです。複数のSNSをほぼ同時に始めましたが、YouTubeが最も順調に伸びています。

④ 投稿頻度の高さがSEO対策に

　YouTubeで高頻度に投稿を続けると、Googleからの評価が高まり、Google検索結果の上位に表示されやすくなります。これにより、求職者からの問い合わせや応募の増加が期待できます。YouTubeとGoogleの両方から自社をPRできる、まさに一石二鳥の効果が得られるのです。

▶ユーザーがチャンネル登録をする「3つのパターン」

　YouTubeユーザーはどんなときに「チャンネル登録」をするのか、そのパターンを知っておきましょう。ユーザーがチャンネル登録に至るパターンは主に次の3つがあります。

パターン① YouTubeのおすすめ動画での発見
　❶YouTube閲覧中に、おすすめ動画が表示される。
　❷興味を引かれるサムネイルやタイトルをタップし、動画を視聴。
　❸動画の内容に満足し、「チャンネル登録」ボタンをタップする。
　❹または、チャンネル名をタップして表示されるチャンネルの詳

細ページを閲覧しプロフィールなどを確認してから登録する。

パターン② 検索結果からの流入

❶ ユーザーがYouTubeやGoogle検索で特定のキーワードを検索する。

❷ 検索結果に表示されたチャンネルの動画をタップし、視聴する。

❸ 動画の内容に満足し、「チャンネル登録」ボタンをタップする。

パターン③ 外部のリンクからの流入

❶ ユーザーがほかのSNSやウェブサイト、ブログ記事などで、YouTube動画へのリンクを発見。

❷ リンクをタップし、動画を視聴。

❸ 動画の内容やチャンネルに魅力を感じ、「チャンネル登録」ボタンをタップする。

　これらのパターンを意識し、ユーザーの興味を引きつけるサムネイル、タイトル、説明文を作成することが、チャンネル登録者数増加のカギとなります。また、外部からのリンク誘導や検索上位表示のための施策も忘れずに行いましょう。

▶ 広告収入には期待しない

　YouTubeといえば、個人クリエイター「YouTuber」が活躍する場として知られています。彼らはYouTubeに動画を多数投稿し、その再生数に応じてYouTubeから広告収入を得ています。

YouTube運用を始めるというと、広告収入に期待してしまうかもしれませんが、それは考えないほうがいいでしょう。

　広告収入＝再生数を追求するあまり、間違った方向のコンテンツを掲載してしまうようでは本末転倒だからです。また、そもそも広告収入を得るためには一定数以上の再生回数やチャンネル登録者数が必要になり、企業が投稿する動画ではそこまで到達できないケースがほとんどといえます。よって十分な広告収入を得ることは難しいでしょう。

　企業にとってのYouTubeは、情報発信やブランドイメージ向上のためのツールです。広告収入などは考えず、視聴者の興味を引くコンテンツを継続的に発信することが、ブランドの認知度向上につながり、ひいては人材獲得につながるとお考えください。

「5秒でチャンネル登録」される プロフィールの設定方法

▶ プロフィール写真は「会社の顔」

　ユーザーにチャンネル登録をしてもらうために大切なことは、チャンネルの概要欄に記載する写真・チャンネル名・プロフィール文などの基本情報です。これらの情報は、YouTube運用において視聴者との関係構築、チャンネルの印象形成、SEO対策、ブランディングなど、多岐にわたる重要な役割を担っています。

YouTubeチャンネルの設定画面

魅力的で説得力のあるプロフィールを作成してください。

なお、プロフィールなどの設定はスマホでもできますが、利用できる項目が限られています。例えば、外部サイトへのリンクはパソコンでなければ設定できません。そのため、チャンネル名などのプロフィール設定はパソコンで行ったほうがやりやすいといえます。パソコンでのチャンネル設定の管理は次のように行います。

❶ブラウザでYouTube Studioにログインする。
❷左側のメニューから［カスタマイズ］→［基本情報］（写真・バナー画像を変える場合は［ブランディング］）を選択する。
❸必要な情報を入力し終わったら［公開］をクリックする。

各項目を設定する際のポイントはこのあとに説明します。

▶プロフィールの写真には「人」を使う

プロフィールの設定について解説します。まずはプロフィールのなかでも、非常に重要な要素となる写真（アイコン）です。写真はチャンネルの顔であり、会社の顔でもあります。このプロフィール写真に次のうちのいずれかを設定してください。

- ●社長のみが笑顔で写っている写真
- ●社員全員が笑顔で写っている写真
- ●社員複数人が笑顔で写っている写真

会社のロゴマークなどではなく「人」を設定するということです。その理由はいくつかありますが、まずは下記の画像を見比べてみてください。

人が写っているアイコンと、会社のロゴのアイコンでは、信頼性や親しみやすさが大きく違います。人の写真が使われていると、チャンネル運営者が実在の人物であることを示せるため、信頼性

人が写っているプロフィール写真

人が写っていないプロフィール写真

悪いプロフィール写真の例

が向上します。また人の写真を使用することで、ユーザーはチャンネル運営者に対して「つながり」「親しみ」を感じます。これによりチャンネル登録者数や再生回数の増加が期待できます。

大企業の場合はすでに高い知名度とブランド認知度があるため、顔写真ではなく会社ロゴやブランドロゴなどをプロフィール写真に使用するのもいいでしょう。ユーザーはアイコンを見ただけで容易にそのブランドを認識できます。

一方、中小企業は知名度が低いため、ロゴだけでは認知してもらえません。したがって中小企業の場合は、視聴者との親近感の向上、信頼関係の構築、ブランドイメージの差別化などを図るために、必ず個人の写真を利用してください。

ただし、人の写真であればなんでもいいわけではありません。「無愛想」「無表情」「笑顔でない写真」は逆効果になります。質の良い動画を投稿していたとしても、アイコン写真でイメージが下がってしまうので「笑顔」の写真を撮るようにしてください。

▶Google検索上位表示を狙うためには 「チャンネル名」も重要

YouTubeのチャンネル名は、Google検索結果に大きな影響を与える重要な要素なので慎重に決める必要があります。チャンネル名を決める際のポイントは次のとおりです。

①文字数は15〜30文字

チャンネル名には最大50文字まで設定可能ですが、30文字を超

長すぎるチャンネル名の例

えてしまうと、画面上では途中で途切れてしまいます。また、Googleの検索結果に表示されるときも長文では視認性が悪くなります。よって、15～30文字で設定するようにしましょう。

②チャンネル名はキーワード検索の対象

チャンネル名もGoogle検索の対象となる大事なキーワードです。適当に付けたチャンネル名、必要な要素が入っていないチャンネル名では、SEO的に弱いということがいえます。チャンネル名には、会社名＋【地名＋専門分野】を入れたものを設定しましょう。例えば以下のようなチャンネル名です。

- ○○建設【和歌山県の電気設備会社】
- ○○住宅【山口県で木にこだわる家造り】
- ○○○ハウス【富山県砺波市の注文住宅】
- ○○○○コーポレーション【青森県の足場専門会社】

会社名だけでは、他社との差別化が難しく、覚えてもらいにくいという課題があります。どこにでもありそうな名前では、会社の特徴や所在地が分からず、投稿を見られても印象に残りません。そこで、会社名に加えて【地名＋専門分野】を組み合わせることをおすすめします。

例えば、「和歌山県の電気設備会社といったら〇〇建設」や「青森県の足場会社といったら〇〇〇〇コーポレーション」のように、地名と専門分野を組み合わせることで、会社の特徴が明確になり、覚えてもらいやすくなります。

　なお、会社名をそのままチャンネル名にすることは避けてください。よほど知名度のある会社を除いて、求職者が会社名で検索することはないからです。

　チャンネル名の最適化は、ターゲットに効果的にリーチするために大切な要素です。会社名のみではなく、ユーザーが検索するキーワードを意識的に取り入れることで、YouTubeチャンネルの認知度向上を図りましょう。

▶問い合わせにつなげる「説明」（プロフィール）の書き方

　チャンネル設定の最後は「説明」欄です。この部分にはプロフィールを記載しましょう。次ページの画像は、実際の説明欄です。

　掲載した説明文は、「チャンネル登録者数」の下の欄に、最初の1、2行だけが表示されます。この部分をタップすると、さらに全文を読めるようになっています。説明欄には5000文字まで入力できます。

①説明欄に記載する内容

　説明欄には「会社のプロフィールすべて」を書きます。具体的には、

Chapter 3　Google検索上位を独占し認知度を高める！
建設業のためのSNS活用／YouTube編

- ●会社名
- ●キャッチコピー
- ●どんな会社なのか？（事業内容や強み）
- ●社長のプロフィール
- ●メディア実績
- ●電話番号
- ●何について発信しているのか？
- ●チャンネル登録するメリット
- ●施工実績
- ●メールアドレス
- ●住所

などです。ごちゃごちゃしてしまう印象はありますが、これは企業の認知には不可欠な情報ですので気にする必要はありません。記載できる情報はすべて書くようにしましょう。

説明（プロフィール）欄

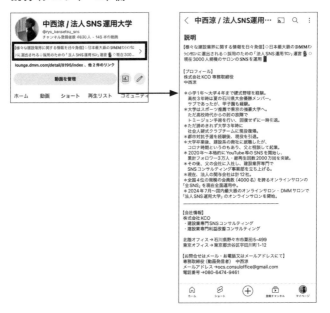

② プロフィール文に「問い合わせ欄」を設ける

　動画やチャンネルの詳細を閲覧したユーザーのなかには、「この内容について、もう少し詳しく知りたい」「サービスや商品の詳細が気になる」「現在、求人募集しているのだろうか」「紹介されている商品の入手方法が知りたい」といった疑問や関心を持つ人も出てきます。そんな人が抱く疑問や関心に応えるためにも、説明欄に問い合わせ情報を掲載し、気軽に質問や相談できる環境を整備することが大切です。

　具体的な掲載方法としては、説明欄のいちばん下や中央部分など、ユーザーの目に留まりやすい位置に以下のような情報を記載します。

●公式ウェブサイトのURL
●問い合わせ用メールアドレスまたは電話番号
●営業時間（問い合わせ対応可能な時間帯）
●担当部署名
●担当者の氏名

　問い合わせ情報を入れることで、求職者の不安や疑問を解消し、問い合わせへの心理的ハードルを下げられます。その結果、コミュニケーションが活発になり、採用の機会が広がることが期待できます。

　ユーザーに親しみを持ってもらうために、「お気軽にお問い合わせください！」「○○部の○○が丁寧に対応いたします！」といったフレーズを含めるのもいいですね。丁寧で親しみやすい情報掲載は、チャンネルの信頼性を高め、ユーザーとの良好な関係

Chapter 3　Google検索上位を独占し認知度を高める！
　　　　　建設業のためのSNS活用／YouTube編

構築に役立ちます。

③プロフィールに設定する他サイトへのリンクは２～３つ

　説明の下には、外部のサイトへ誘導するためのリンクを設定できる欄があります。

- ●LINE公式アカウント
- ●Instagram
- ●TikTok
- ●X
- ●Facebook
- ●自社ホームページ
- ●自社の求人ページ

最適なリンク設定の例

リンク先が多く混乱を招く例

これらのリンクを設定しましょう。最適なリンク数は1〜2つです。

　私のチャンネルでは、ホームページとLINE公式アカウントへのリンクを記載しています。リンクが多すぎるとユーザーの混乱を招くおそれがあるので、むやみにたくさんのURLを設定することは避けましょう。

　ちなみにリンクの設定・編集はスマホアプリからはできないので、パソコンでYouTube Studioにログインし、設定してください。

すぐ使える！　建設業の採用 SNSで使える動画企画

▶投稿のステップ

　YouTubeチャンネルの設定が終わったところで、いよいよ肝心の投稿について説明していきます。投稿内容を作成して投稿するまでの大まかなステップは次のとおりです。

❶企画（投稿内容）を考える
❷撮影する
❸編集する
❹タイトルや説明欄を設定し、投稿する

Chapter 3　Google検索上位を独占し認知度を高める！
　　　　　建設業のためのSNS活用／YouTube編

　ここで最も肝心なのは、企画を考えること。つまり投稿するネタです。ネタが悪ければ、撮影・編集の段階でいくら頑張っても挽回できません。反対にネタが良ければ、撮影・編集が多少粗くてもユーザーの興味を引く動画になります。

▶採用につなげるための投稿で意識すべき点

　まずは投稿内容の説明から行います。建設業界でSNSを活用する目的は、主に「採用」「集客」「ブランディング」の３つに分けられますが、実際の投稿内容は、目的によってそれほど大きく変わるものではありません。目的がなんであれ「人」を中心にした動画にすべきなのです。

　採用を目的とした投稿によって得たい効果は、ターゲットとなるユーザーに以下のような印象を与えることです。

● この会社で働きたい！
● この人たちと一緒に働きたい！
● この人の下で働きたい！
● この現場で一緒に作業したい！
● この事務員さんたちと一緒に仕事がしたい！

　この基本を忘れ、自分たちの好みや他社の人気動画を単に模倣するだけでは、採用につながらない自己満足なYouTubeチャンネルになってしまう危険性があります。

　採用を目的とする動画だからこそ、どんな動画にも「人」を登場

させるようにしてください。人間の顔や体は、視覚的に注意を引き
つける重要な要素です。動画に人が登場することで、視聴者の注
意を引きつけ、動画に集中させやすくなります。現場紹介、工具
紹介、現場実績など、人以外にフォーカスを当てた動画であって
も、なんらかのかたちで人を登場させるように努めてください。

▶建設業専門「採用につながる」&「動画が伸びやすい」 企画10選

とはいえ「実際にはどんな動画を撮ればいいのか」と迷ってし
まう人も多いことでしょう。心配は不要です。建設業の現場は動
画投稿のネタに困ることはないからです。

以下に投稿内容のパターンをたくさん紹介するので、このなか
から自社に合ったものを選んで撮影してください。採用につながりや
すく、かつ再生回数が伸びやすい投稿企画を10個紹介します。

①学生・転職希望者の心をつかむ「社長インタビュー」

社長へのインタビュー動画は、会社の魅力を伝え、優秀な人材
を引きつける絶好の機会です。さまざまなジャンルのインタビュー
形式を参考に、社長の人となりや会社の強みを引き出す質問を用
意しましょう。例えば、以下のような質問が考えられます。

● 創業時のエピソードや苦労話、印象深い出来事など

● 社長や役員の現在の業務内容

● 会社の特徴や強み、他社にはない魅力

- 社員に対する思いやメッセージ
- 新入社員へのアドバイスや期待
- 今後の展望

　インタビューでは、社長の言葉を通して会社の価値観やビジョンを伝えます。学生や転職希望者が「この人の下で働きたい！」と感じるような、熱意あふれる社長の姿を引き出すことを心がけましょう。

　撮影に際しては、社長の人柄が伝わるようなリラックスした雰囲気づくりが大切です。社長の表情や身ぶり手ぶりもしっかりととらえ、編集では適切なカット割りを施して、見応えのある動画に仕上げます。撮影を嫌がる社長もいるかもしれませんが、人材獲得に欠かせない動画であることを丁寧に説明し、協力を求めてください。

②建設業の魅力を伝える「職人さん現場インタビュー」

　建設現場の職人さんへのインタビューを通して、仕事の内容ややりがいを伝えます。建設業界に対するマイナスイメージをプラスに転換する効果を狙います。インタビューでは、職人さんなど現場の人にいくつかの質問をし、手短に答えてもらいます。

　採用目的の場合は、視聴者が「この現場・会社で働きたい！」と思えるような質問を心がけましょう。例えば、以下のような質問が考えられます。

- 仕事のやりがいや面白さは？
- 現場の雰囲気や職人同士の関係性は？
- 若手職人へのアドバイスや応援メッセージをお願いします
- 会社の魅力を教えてください

　インタビューでは職人さんの人となりが伝わるような雰囲気づくりも大切です。カジュアルな口調で話しかけ、リラックスした状態で本音を引き出すことを心がけましょう。職人さんの仕事ぶりやインタビューを通して、建設業界の魅力を存分に伝えられる動画を目指してください。

③オフィス案内ツアー

　担当者や女性社員、もしくは社長を案内役にして、オフィス（事務所）内を案内します。エントランスから始まり、執務スペース、会議室、休憩スペース、社長室などを案内していきます。途中途中で社員にも登場してもらうとアクセントになります。

　無言のまま案内すると途中で飽きられてしまいますし、単純に面白くない動画になってしまうので、動画に出る人はトークをしながら案内するか、ナレーションをあとから付けるのがい

いでしょう。

④ **職人さんに密着企画**

職人さんの1日に密着したり、建設現場の舞台裏に迫ったりする動画企画です。例えば、

- 朝5時半起き鳶職人の1日を紹介します
- 50歳・独身現場歴30年の1日に密着！
- 建設現場の裏側！　一般の人は立ち入れない場所に潜入！

といったものが考えられます。人は、日常では触れることのできない未知の体験や、普段目にすることのない光景に引かれる傾向があります。特定の職種や現場でしか見ることのできない独自の世界を映し出す動画は、視聴者の好奇心を強く刺激するはずです。

⑤ **社長に密着企画**

社長に密着した動画の投稿も効果的です。例えば、次のような内容です。

- 年商3億円の建設会社社長の1日密着
- 45歳2児のパパでもある社長の朝から夜までを追う！

- 仕事もプライベートも充実！ 建設会社社長のワークライフバランス術

　会社の顔である社長に興味を持つ人も多くいます。そして「社長はどんな仕事をしているのだろう？」「どのような1日を送っているのだろう？」といった疑問を抱いています。社長密着系の動画は、こうした視聴者の興味に応えられます。日常的には見られない社長の仕事ぶりや、プライベートな一面を垣間見ることで、視聴者はあなたの会社に対してより身近な印象を抱くようになります。

⑥新入社員密着企画

　新入社員に密着した動画は、同世代の若者だけでなく、幅広い年齢層の視聴者の興味を引きつけます。例えば、以下のようなタイトルが考えられます。

- 新卒1年目、23歳の現場仕事に1日密着
- 驚異の高卒18歳！ その1日に迫る！

　10代や20代の視聴者なら、自分と同世代の社員の奮闘ぶりに共感し、自分の将来像を重ねて深い興味を抱くでしょう。一方、

上の世代の視聴者は、「今の若者はどんな働き方をしているのだろう？」と、新世代の社員に対する好奇心から動画を視聴するかもしれません。こうした新入社員密着系動画は、幅広い層の興味を引きつけ、高い再生数を獲得しやすいコンテンツといえます。

⑦採用情報

採用情報や応募方法は、定期的に発信していくことが大切です。求職者が「この会社は採用活動をしているのだろうか？」と迷ってしまうと、応募を躊躇したり、他社に流れたりする可能性があります。採用情報動画を通して、積極的に人材を求めていることを明確に伝えましょう。ただし、毎週の投稿は必要ありません。適切な頻度で、採用に関する最新情報を発信していくことが重要です。

切実な人手不足を率直に訴えてしまうというのも一つの手です。このような内容の投稿で、50万回以上の再生数を記録しているものもあります。YouTube、Instagram、TikTokで同

じ動画を投稿すれば、合計150万〜200万回の再生が見込めるかもしれません。

⑧建設業豆知識

これから建設業で働きたいと思っている人や「建設業は未経験だが、興味・関心はある。ただ詳しいことは分からない」という人に向けて、建設業の情報を発信していきましょう。

例えば、次のような内容。

- "現場歴30年"の大ベテランが教える建設業の良い点5選
- 一流職人になるために必要なことトップ5
- 2050年の建設業はこうなります！
- 20年後の大工の人数知ってますか？
- 建設業界に人が集まらない理由5選

これらの内容は社長自ら話してもいいですし、役員もしくは社員が話してもOKです。説得力を増し、さらに採用へとつなげるためには社長の出演が欠かせないので、私は社長自ら出演してお話ししていただくことをおすすめします。

⑨就職・転職者の声（転職社員インタビュー）

採用を目的とするSNSでは、インターン生や就職・転職者の

口コミを中心に発信しましょう。なお集客を目的とする場合はお客様の声を公開するのも効果的です。自社に関する肯定的な口コミがあれば、ぜひ動画で紹介してください。実際の
体験者の声は、視聴者にとって説得力があり、共感を呼べるでしょう。

採用につなげるためには欠かせない企画です。

次のような質問をインタビュアーが行ってください。

- 入社する前のイメージ
- 入社後どうだったか？
- この会社に入って良かったこと
- 逆にイメージと違ったこと
- 社長はどんな人？
- 先輩社員はどんな感じ？
- 前の会社と比較してどうか？　など

⑩ **イベントの様子**

社員旅行や餅つき大会、マラソン大会、部活動など、業務外で社員が交流する様子を動画で伝えるのもおすすめです。イベントの楽しそうな雰囲気が視聴者に伝われば、「この会社なら充実した社会生活が送れそう」と感じてもらえるはずです。社員のリラックスした表情や楽しそうな様子をアップでしっかりととら

え、会社の魅力を存分にアピールしましょう。

▶おすすめできない投稿

建設業の採用を目的としたSNS運用において、避けるべき投稿があります。ここでは、そのようなNG企画を紹介します。

①画像のみの投稿

会社の雰囲気を伝えて採用につなげるという目的を達成するには、画像だけでは不十分です。建設業界の多くの企業が画像中心の投稿を行っていますが、本書を参考に動画投稿を優先するようにしましょう。

②人物がまったく登場しない投稿

現場の様子、工法の説明など、人がまったく登場しない動画では、視聴者の心を動かすことは難しいといえます。現場を撮影する際は、職人を中心とした動画を撮り、投稿することが重要です。また、人を登場させられない場合でも、ナレーションなど視聴者の興味を引く要素を加えるようにしてください。

Chapter 3 Google検索上位を独占し認知度を高める！
建設業のためのSNS活用／YouTube編

③「SNS始めました！」報告の投稿

　SNSを始めたばかりの企業が、最初の投稿として「SNS始めました！」という報告動画を投稿することがありますが、知名度のない企業の場合、あまり意味がありません。視聴者は「どこの会社？」「で、何？」と思うだけです。初めからインタビュー動画、現場の動画、工具紹介などの具体的な内容の動画を投稿するようにしましょう。

④サムネイルのない投稿

　投稿にサムネイルを設定しない場合、自動的に切り取られた1シーンがサムネイルになってしまいます。その動画がどんな内容なのか、サムネイルだけで判断できないと、良い動画でも最後まで見てもらえない可能性があります。サムネイルを適切に設定した投稿のほうが、「見たい！」「気になる！」と思ってもらえます。

⑤画質の悪い動画投稿

　最近のスマホでは誰でも手軽にきれいな動画を撮影できますが、それでも暗い場所で撮った動画や手ぶれの多い動画、古いスマホで撮った動画などは、どうしても画質が悪くなります。画質の悪い動画は視聴者に不快感を与えてしまいます。低画質の動画は、企業のイメージを損なう可能性もあります。

　できるだけ高画質で撮影し、適切な編集を行うことで、視聴者に見やすく、信頼感のある動画を提供してください。

　誰でも簡単に高画質で撮る方法は、iPhoneの場合は

　●カメラ→ビデオ撮影→ 4K/60fps

これだけでOKです。

以上の5つの投稿パターンは、採用を目的としたSNS運用においては避けるべきです。視聴者の興味を引き、人柄を伝え、企業の魅力を効果的に発信できる動画投稿を心がけましょう。

失敗しない！ 動画撮影のポイント

▶まずは関係者と打ち合わせを

企画内容が固まったところで、次は撮影・編集に進みます。撮影を成功させるために不可欠なのは、動画に登場してくれるスタッフや社長などと打ち合わせを行うことです。打ち合わせの時間は短くても構いませんが、動画のコンセプトや流れを関係者全員が完全に理解できるよう、丁寧に説明することが重要です。打ち合わせでは、

● 動画の全体的なイメージや方向性
● 動画で伝えたいメッセージや価値
● インタビューする場合の質問項目

などを事前に説明し、すり合わせます。打ち合わせを通じて、撮影に関わる全員が動画の目的や構成を共有することで、スムーズ

な撮影が可能となります。

　なお撮影のために、きっちりとした台本や原稿を用意してしまうと、出演者がガチガチに緊張し、不自然な動画になってしまうおそれがあります。視聴者から「この人たち台本を読んでいるな」と思われてしまうと、違和感のある動画となり、良い印象を与えられません。台本は必要最小限にとどめ、本番では自由に話してもらったほうが、自然な印象の動画になります。

　セリフを語ってもらう場合は、少しくらい間違えたり、つっかえたりしても問題ないと割り切って、何度もやり直さないようにしましょう。俳優ではないのですから、流暢に話す必要はありません。セリフにこだわりすぎて撮影に時間をかけていては本業に支障が出てしまいます。基本的には一発ＯＫを目指すべきでしょう。

▶撮影に必要な機材３選

　撮影に必要は機材がいくつかあります。必ずしも全部そろえる必要はありませんが、いずれも高額なものではありませんし、あったら便利なので、できるだけそろえるようにしてください。

①スマホ

　高価なカメラ（ビデオカメラ）は必要ありません。今の時代は、スマホだけでも十分に画質の良い画像・動画を撮れます。スマホのレンズ部分の汚れは撮影前に拭いておきましょう。

なお、カメラアプリはスマホに最初から入っている純正のアプリで十分です。実はYouTubeアプリでも撮影でき、さらには編集・投稿までできるので便利ではありますが、私は推奨していません。なぜならば撮影・編集・投稿をYouTubeアプリで完結させた動画をほかのSNSに投稿すると、「YouTube」のマークが動画のなかに入ってしまうからです。また、画質も悪くなります。よって、カメラアプリで撮影するようにしてください。

②照明

　室内などやや暗めのところでインタビュー撮影をする場合、照

照明がない動画（左）とある動画（右）

明があったほうがいいでしょう。照明がないと全体的に暗い印象
になってしまいます。

　本格的な照明を買う必要はありません。Amazonなどで「撮影
用ライト」と検索して、5000〜1万5000円くらいで評価の高い
ものを選ぶといいでしょう。

③三脚

　インタビュー動画などの撮影において、三脚は便利なアイテム
です。三脚を使うことで、スマホを手で持つ必要がなくなり、動
画のブレを防ぎ、安定した映像を撮影できます。また三脚があれ
ば、人にシャッターボタンを押してもらわなくても、スマホのタ
イマー機能を使って自分を撮影できます。

▶効果的なスマホ撮影のポイント5選

①撮影は必ず縦画面

　ショート動画は基本的に縦画面で視聴されるため、動画撮影は
必ず縦画面で実施してください。

②手首を固定してスマホをブレさせない

　ブレブレの動画は視聴者に不快感を与え、すぐに離脱されてし
まいます。あまりにひどい場合は二度と見てもらえない可能性も
あります。撮影する際は、手首を自分で押さえるか、壁・テーブ
ルなどに体を固定し、ブレを防ぐようにしましょう。
「ジンバル」や「スタビライザー」と呼ばれる撮影器具を購入す

るのもおすすめです。これらをスマホに取り付けて使うと、手持ち撮影でも手ぶれを抑えた滑らかな動画を撮影できます。

③時々はアップで撮る

　現場や作業中の職人の風景は迫力があり、視聴者の興味を引きつけます。基本的にはある程度の距離を保って撮影しますが、アップの映像も取り入れてください。間近で撮ることで迫力が増し、視聴者の興奮を呼び起こします。

④時々は引きで撮る

　スマホでカメラアプリを起動したときに、シャッターボタンの上に「0.5×」「1×」「3×」などの表示があります。通常は「1×」で、「3×」などは望遠、「0.5×」などは広角です。広角を使うことで、現場全体や周囲の風景を収められ、撮影場所の様子を伝えられます（お使いのOSやアプリによっては、広角機能がない場合もあります）。

⑤いろいろな角度から撮影する

　登場人物が常に同じ向きで話していると、視聴者は飽きてしまいます。飽きさせないために、さまざまな角度から撮影するといいでしょう。

▶撮影は複数まとめて行うのが効率的

　動画制作における時間の有効活用は非常に重要です。効率的に

撮影を行うためのコツは、1日に複数本分の動画を一気に撮影することです。具体的には、1回で3本から10本程度の動画をつくるつもりで撮影してください。

スマホで手軽に撮影できるとはいえ、準備、撮影、片付けなどを考えるとそれなりの時間がかかります。1回の撮影で1本分だけの動画しかつくらないのは、もったいないです。効率を重視して、1回の撮影で複数本の動画をつくるのが賢明です。

特に社長や役員など簡単に予定を空けてもらえない人に登場してもらう場合は、1回の撮影で10本以上分をつくるつもりで準備しておきましょう。例えば20、30分間話してもらえば、余分なシーンを取り除いて編集したとしてもショート動画10本分くらいにはなります。

1回の撮影で複数本の動画をつくることで、準備や片付けにかかる時間を短縮できます。限られた時間のなかで質の高い動画を数多く制作しましょう。

動画編集は時間・お金を かけずに効率的に

▶編集は「CapCut」がベスト

動画を撮影したら次は編集です。YouTubeアプリでも編集できますが、より機能が充実した動画編集用アプリをおすすめします。

私が使っているのは無料の「CapCut」です。CapCutはTikTokを運営するバイトダンスが提供しています。

　CapCutにはスマホアプリ（Android・iPhone）と、パソコンアプリ（Windows・Mac）、ブラウザアプリがあります。スマホアプリでも十分に編集できます。スマホのCapCutアプリでの編集の流れは以下のとおりです。

❶CapCutを起動し、「編集」タブから「新しいプロジェクト」をタップする。

❷アルバムから撮影した動画を選択し、「追加」をタップする。

❸文字を入れる場合は「テキスト」→「テキストを追加」をタップする。

❹明るさを調整したい場合は「調整」をタップする。

❺余分なシーンをカットして間を詰めたい場合は、カットしたい箇所で「分割」をタップし、カットしたいシーンを選んで「削除」する。

❻ひととおり編集が終わったら右上の「エクスポート」をタップし、投稿するSNSを選ぶ。

　私は基本的に「テキスト」「調整」「分割」「削除」「音量」「キラキラ変身（ミラーリング）」の6機能しか使いません。それだけで十分に見やすい動画を作成できます。

　本来は細かい部分まで画像付きで解説したいところですが、紙面が足りなくなってしまうので、概要だけにしました。細かい操作方法を知りたい場合は、CapCutのホームページにあるヒントやチュートリアルをご確認ください。また、「CapCut　ショート

動画　つくり方」などで検索すると、作業を解説している
YouTube動画やブログ記事がたくさん出てきますので、それら
を参考にしてください。

▶視聴維持率を意識した構成を

　動画を編集する際に意識したいのは「視聴維持率」です。視聴
維持率とは、視聴者が動画をどれだけの時間視聴したかを表す
YouTubeの指標です。動画を投稿後、YouTube Studioアプリか
ら各動画の視聴維持率を確認できます。

　視聴者が動画を最後まで視聴すればするほど視聴維持率は高く
なり、YouTubeのアルゴリズムによって良質な動画であると判
断されます。その結果、動画の露出が増加し、アカウントの影響
力が強化されます。

　視聴維持率の高い動画と低い動画では、再生数に大きな差が出
ます。例えば私の動画では、視聴維持率が70％近くある動画の
再生数は2681回に達しているのに対して、視聴維持率が27.9％
の動画の再生数はわずか219回にとどまっています。

　視聴維持率を高めるためには、動画の企画、タイトル、構成な
どを戦略的に設計する必要があります。具体的には、以下のよう
な工夫が考えられます。

●タイトルや前半部分で視聴者の興味を引きつけ、離脱を防ぐ。

●重要なポイントや本当に伝えたいことは中盤〜後半に持ってくる。

●動画の長さを短めにして視聴者の集中力を維持する。

視聴維持率が70%近くに達した動画と
YouTube Studioアプリのアナリティクス画面

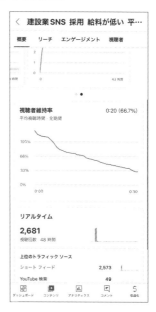

- テンポの良い編集で視聴者を飽きさせない。
- 前半と後半の内容に一貫性を持たせ、視聴者を裏切らない。

わざとらしく前置きを長くしたり、前半にまったく関係のない内容を盛り込んだりすることは避けましょう。そのような動画は視聴者に敬遠され、アカウントの評価が下がるおそれがあります。

▶飽きられない動画編集のコツ8選

動画編集において、視聴者を飽きさせないことは非常に重要です。以下の8つのコツを活用することで、魅力的で印象に残る動画を制作できるでしょう。

①テロップを入れる

テロップを入れることは必須です。テロップを入れることで情報が伝わりやすくなり、続きを見たいと思わせられます。

動画に入れるテロップには主に2種類あります。重要なポイントを要約してテキスト化したものと、発言の内容をそのままテキスト化したもの（＝字幕）です。

私は、発言した内容をすべてテロップに起こすことをおすすめしています。これにより、ユーザーの理解度が向上するからです。ユーザーが音声を出さずに動画を見るときにも、テロップが表示されていれば内容を理解できます。

テロップがない動画は、視聴者にとって非常に見にくいものとなり、動画から離脱されてしまうこ

発言をテロップに起こせば無音で見ても理解できる

ともあります。テロップの有無が、動画の成否を大きく左右します。

　動画にテロップを付ける作業は、簡単ですが面倒な作業です。しかしいくら面倒でも、動画の質を上げるために毎回テロップを入れることをおすすめします。その努力は決してムダにはなりません。

②ムダな間はカットする

「あのー」「ええとー」といった無意味語（フィラーワード）や余計な間はできるだけカットしましょう。無意味語は対面で会話をしているときには気にならなくても、動画で見ると気になるもの。また、ユーザーはテンポの良い動画に慣れているため、ムダな間があると「テンポが悪い」と感じてしまいます。

　SNSの動画では、わずかな時間が再生数に大きく影響するため、必要な情報以外はすべてカットすることが大切です。

③文字はやや大きく

　文字の大きさにも気を配りましょう。小さすぎる文字は避けてください。特に40代、50代といった中高年の採用も想定している場合には、大きめの文字を使用してください。

④文字にカラーを使う

　すべて黒白の文字では味気ないので、ターゲットの年代に合ったカラーを取り入れることで、視覚的な魅力を高められます。

⑤文字の大きさを変える

すべて同じ文字の大きさだと単調な印象を与えます。視聴者に強調したい部分では文字を大きくするなどの変化を付けてください。

⑥画面を時々大きくして「ここは大事！」と認識させる

画面の大きさを時々変えることも効果的です。重要なポイントでは画面を大きくすることで、重要なポイントを視聴者に認識させられます。

⑦画像を入れる

動画に関連する画像があれば、適切なタイミングで挿入しましょう。エンタメ感を出し、イメージを伝えやすくなります。

⑧目に強い色は使わない

赤・黄・黒は目に強く、あまり推奨できない色です。注意喚起する動画や、怖さを強調するような動画の場合は効果的ですが、それ以外はなるべく使わないようにしましょう。赤や黄はイメージが「危険」なので、目に強く印象が良くありません。

▶BGMは小さめに

編集するときに「BGM（音楽）は付けたほうがいいのか？」と疑問に思う人もいるでしょう。この疑問に対する私の答えは、「音量を小さめに付けたほうがいい」です。BGMがないと少し寂しい感じがしてしまいますし、とはいえBGMの音量が大きすぎ

ると、登場人物の発言が聞き取りづらくなります。

　採用目的での動画では、登場人物がなんらかの発言をしていることがほとんどです。その発言によって、ユーザーは会社への理解を深めてくれたり親近感を覚えてくれたりします。音楽によって発言が聞き取りづらくなってしまっては意味がないので、BGMはわずかに聞こえるくらいで十分です。

　社長インタビュー動画など、じっくりと発言を聞いてほしい場合には、BGMなしでもいいかもしれません。

　なお、BGMを付ける際は、CapCutではなく各SNSアプリ（YouTube、Instagram、TikTok）で、著作権フリーの音源を付けるようにしてください。CapCutで編集した動画を、そのままYouTube、Instagram、TikTokへ投稿するのが本書の戦略です。CapCutでBGMを付ければ、それがいちばん手間のかからない方法のように思えます。

　しかし、CapCutと各SNSでは利用できる音源が異なります。CapCutで付けた著作権フリー音源が、YouTubeでは著作権に引っかかってしまう、ということもあります。著作権問題を発生させないためにも、BGMは必ず各SNSのアプリで設定するようにしてください。

Chapter 3 Google検索上位を独占し認知度を高める！
建設業のためのSNS活用／YouTube編

投稿作成時に必ず意識・実践したいこと

▶完成した動画を投稿する

さて動画が完成したら、今度はYouTubeに投稿します。投稿する際には、タイトルを付けるなどの各種設定をします。大まかな流れは以下のとおりです。

❶スマホのYouTubeアプリを立ち上げる。
❷「＋」をタップして、「ショート」を選択する。
❸左下の「追加」をタップして動画を選ぶ。

❹動画内容を確認し、右下の「完了」をタップ。
❺右下の白いチェックマークをタップ。

❻「サウンドを追加」をタップして音楽を選択する。
❼右上のボリュームボタンをタップして音量を調節する。

❽音量の下にある２つの白線のうち、上はいじらなくてOKです。下の曲名の白線だけ10%以下にする。
❾音楽の設定が完了したら×を押して「次へ」をタップ。

❿左上の鉛筆マークをタップし「完了」ボタンの上にある白枠で「サムネイル」を設定する。

Chapter 3 Google検索上位を独占し認知度を高める！
建設業のためのSNS活用／YouTube編

　97ページの⑩の右の画像の白枠の部分がサムネイルになるので、ユーザーが興味を引きそうな場面を設定してください。⑪の画像のように、動画の内容を示すテロップが表示されているシーンがちょうどいいですね。

⑪

❶最後に「タイトル」の部分に「タイトル」と「ハッシュタグ」を入れて、右下の黒色の「ショート動画をアップロード」をタップする。これで投稿完了です。

▶投稿作成時に意識すべきポイントその1　タイトル

　タイトルは、投稿の成功に大きく関わる重要な要素です。YouTubeのタイトルに含まれるキーワードは、Google検索結果にも表示されるため、適切なキーワードを選択することが重要です。目標は、特定のキーワードで検索した際に、自社のYouTube動画が上位に表示されることです。タイトル作成のポイントを解説します。

①タイトルに入れるべきキーワード
　タイトルには、以下のキーワードを含めるようにしましょう。

- ●メインキーワード：2〜3つ
- ●マイナーキーワード：1〜2つ
- ●地域キーワード：1つ
- ●会社名

　上記のすべてのキーワードを含めたタイトルを作成してください。例えば、下の投稿の場合、次のようなキーワードを選んでいます。

タイトルの例

- ●メインキーワード：「建設業界」「SNS」「採用」
- ●マイナーキーワード：「投稿内容」「どうすればいい」
- ●地域キーワード：「広島県」
- ●会社名：「株式会社KCO」

② ターゲットに合わせたキーワード選択

自社の事業内容やターゲット層に合わせて、適切なキーワードを選択します。会社側の立場ではなく、ターゲット側の立場に立って、「自分が職探しをするなら、どんなキーワードで検索するだろうか」と想像しながらキーワードを考えることが大切です。

また、SNS担当者が一人で考えるのではなく、社長や現場の責任者も交えてキーワード探しに取り組むことをおすすめします。あれこれと考えていくうちに、自社が採用したいターゲット像が絞り込まれていく効果もあり、意外と楽しく議論ができます。

そして、適切なキーワードを選んでタイトルを設定することで、ターゲットとなる視聴者に動画を見つけてもらいやすくなります。これにより、問い合わせや採用につながる可能性が高まります。

③ 地域キーワード、マイナーキーワードの重要性

ターゲットの地域が絞られている場合、その地域名をタイトルに含めることで、検索結果での表示順位が上がる可能性があります。実際に、地域キーワードを含めたタイトルで、Google検索1位を獲得した事例もあります。

マイナーキーワードも重要です。私の会社KCOの利益改善コンサルティング事業部では、さまざまなキーワードで動画を投稿していますが、メインワードのみでタイトルを付けた場合、Google検索の上位にはなかなか表示されません。しかし、地域キーワードやマイナーキーワードを組み合わせることで、投稿した動画がGoogle検索の上位（1～3位）を獲得したケースは多

ターゲットに合わせたキーワード例

メイン キーワード	（業界・職種）建設業、建設会社、住宅会社、リフォーム会社、設備、大工、電気、配管、鳶、土木、左官、塗装、型枠、重機、オペレーター、現場監督 （採用形態）採用、新卒、中途、高卒、初心者、未経験 （会社の特徴）大手、中小企業、人気、有名 （待遇）土日祝休み、自由、高給、高収入
マイナー キーワード	（学歴等）中卒、高卒、学歴なし、学歴不要、前科あり （給与）給料高い、年収高い、ボーナスあり、賞与あり、年収○万円、昇給あり、交通費支給、退職金あり （会社の雰囲気）優しい、怖い人がいない、若い人が多い、年齢層が低め、ホワイト企業、わきあいあい、女性が活躍 （勤務条件）休み多い、早く帰れる、楽、簡単、誰にでもできる、すぐにできる、難しくない、安全、社宅あり、寮あり、車通勤OK、資格取得支援 （ロケーション）駅から近い、徒歩5分圏内、徒歩10分圏内、駅近、転勤なし （採用関連）説明会、面接、面談、履歴書不要 （建設業を想定していない人向け）体を動かす仕事、肉体労働、鍛えられる
地域 キーワード	金沢市、名古屋市、北海道　など

Chapter 3　Google検索上位を独占し認知度を高める！
建設業のためのSNS活用／YouTube編

Google検索1位を獲得した事例

数あります。利益改善コンサルティング事業部とSNSコンサルティング事業部の検索結果を104ページの表にまとめました。

このことからも、メインワード（2〜3つ）を軸にしながら、マイナーワード（1〜2つ）と地域ワード（1つ）を組み合わせることを推奨します。

④伸びる！ タイトル63選

私がこれまで数年間にわたりSNSを運用してきた経験・実践のなかで、大きな効果を実感できたサムネイルやタイトルがあります。それらを105ページに列挙しました。そのまま利用してタイトルづくりに役立ててください。

⑤単語の羅列ではなく文章化する

キーワードを選定したらタイトルを作成します。このとき、単に単語を並べるのではなく、文章として自然に読めるようにすることもポイントです。

- ●悪い例　鳶工事会社　石川県金沢市　月35万円～　豊蔵工務店　未経験
- ●良い例　未経験でも月35万円～！　鳶工事の会社を選ぶなら石川県金沢市にある豊蔵工務店へ！

いかがでしょうか？　単語を並べただけのタイトルは無機質な印象があり、意図を読み取ることが難しくなります。ユーザーが読みにくいタイトルは、クリック率の低下につながるおそれもあります。

一方、文章にしたタイトルは、意図を理解しやすく好奇心を刺激されます。自分の興味とマッチすると感じたユーザーは、タップして動画の中身を見てくれます。

なおタイトルにする文章は、文法的に多少違和感があっても問題なく、意味が通れば十分です。また、タイトルには最大100文字まで使用できますが、長すぎると読みにくくなるため、30文字～45文字程度にまとめることをおすすめします。

⑥ハッシュタグは1つで十分

タイトルにはハッシュタグも含めることを忘れないようにしてください。ハッシュタグとは、コンテンツを特定のトピックや

Chapter 3 Google検索上位を独占し認知度を高める！
建設業のためのSNS活用／YouTube編

利益改善コンサルティング事業部

		Google 検索順位
建設業　粗利	→	49 位
建設業　粗利益	→	41 位
建設業　粗利益を上げる	→	36 位
建設業　利益を上げる	→	52 位
建設業　利益改善　コンサルティング	→	3 位
建設業　利益改善　コンサルタント	→	8 位
建設業界　粗利益を上げる　コンサルティング	→	1 位
建設業界　粗利益を上げる　金沢	→	2 位
建設業界　経営改善　コンサルタント	→	19 位
建設業界　利益改善	→	19 位
建設業界　利益改善　金沢	→	2 位
建設業界　利益を上げる　東京都	→	15 位

SNSコンサルティング事業部

		Google 検索順位
建設業　SNS	→	21 位
建設業　SNS　集客	→	25 位
建設業　SNS　求人	→	13 位
建設会社　SNS	→	26 位
建設業専門SNS	→	2 位
建設業SNSコンサルタント	→	3 位
建設業　SNS　採用	→	2 位
建設業　SNS　和歌山県	→	1 位
建設業　SNS　新潟県	→	1 位
建設業　SNSコンサルタント　和歌山県	→	2 位
建設業界　インスタ採用　準備	→	1 位
建設業界　SNS採用したい　静岡県	→	1 位
建設業　SNS　滋賀県	→	1 位
建設業　SNS　採用　三重県	→	1 位
建設業　SNS　東京都	→	5 位
建設業　SNSコンサルタント　長崎県	→	1 位
建設業　SNS　中途採用	→	8 位
建設業　SNS　新卒採用	→	2 位

伸びる！ タイトル63選

数字訴求系

- ・○○％（99％が知らない）
- ・○割（9割が知らない）
- ・○秒（たった5秒で）
- ・○○倍（20倍の効果が……）
- ・○○人（社員30人）
- ・○○秒（10秒で着きます）
- ・○分（3分でできる）

権威性系

- ・月商○○万円社長〜
- ・年商○○億円建設会社〜
- ・○○に認められた〜
- ・テレビ東京にも出演した〜
- ・日経新聞に掲載された〜
- ・元○○〜

ネガティブ訴求系

- ・○○な人の末路
- ・最悪な○○
- ・○○の闇
- ・危険な○○
- ・嫌われる○○
- ・○○の人は注意
- ・残念な○○
- ・後悔する

秘密・暴露系

- ・実は○○です……
- ・○○してみたら……
- ・暴露します
- ・本当は言いたくない○○の話
- ・○○の秘密
- ・ぶっちゃけ
- ・ここだけの話
- ・私の会社は○○でした……
- ・人手不足で困っています。助けてください……
- ・給料は……
- ・衝撃の真実
- ・意外と知らない

ランキング・選出系

- ・〜5選
- ・〜ベスト7
- ・〜TOP10
- ・5位〜1位
- ・1位〜7位
- ・ワースト5
- ・〜はこの3つです
- ・〜5つの理由

バーナム効果系

- ・〜でお悩みの方へ
- ・〜の方限定
- ・○○がうまくいかない理由
- ・〜の○○の私が○○できた理由
- ・〜になりたい方へ

否定・危険系

- ・逆効果
- ・悪用禁止
- ・絶対NG
- ・炎上覚悟
- ・閲覧注意
- ・やってはいけない
- ・間違っている

告知系

- ・未経験の方大募集
- ・建設業初心者でもOK
- ・10代、20代大歓迎
- ・40代〜50代も大募集！
- ・○○のような人材を募集しています！
- ・給料は○○万円〜
- ・カンタン解説

疑問・投げかけ系

- ・〜って知っていますか？
- ・〜見たことありますか？
- ・〜○○を行う会社はどう思いますか？

Chapter 3　Google検索上位を独占し認知度を高める！
　　　　　建設業のためのSNS活用／YouTube編

ジャンルに分けるために使用される、「#」記号のあとに続くキーワードやフレーズのこと。YouTubeに限らずSNSではハッシュタグが使用されています。

　ハッシュタグを付けることにより、ユーザーがコンテンツを検索することが容易になります。また、ハッシュタグを通じて、ユーザーは自分が興味を持つトピックについてほかの人とつながり、情報を共有できます。

　では、SNS採用を狙ったYouTubeショート動画を投稿するとき、どんなハッシュタグを付ければいいのか。結論として、「#shorts」または「#short」の1つだけでいいと考えています。これらのハッシュタグを付けるのは、YouTube側に「この動画はショート動画ですよ」と認識させるためです。

　YouTubeではそのほかのハッシュタグは必要ありません。タイトルに複数のキーワードを入れていますし、そのワードだけでも十分検索に引っかかりますので、ハッシュタグに凝らなくてもいいということです。

▶投稿作成時に意識すべきポイントその2　サムネイル

　サムネイルとは、視聴者が動画の内容を一目で把握しやすくするための画像です。YouTube上の検索結果や、関連ビデオの推薦、チャンネルページ、Googleの検索結果など、さまざまな場所で表示されます。サムネイル画像は視聴者がビデオをタップするかどうかの決定に大きな影響を与えるため、YouTubeにかかわらずSNS運用において非常に重要です。

サムネイルは、SNSアカウントの世界観を構築するうえで欠かせない要素です。また、検索結果や「おすすめ」に並んだ動画のなかから、ユーザーはサムネイルとタイトルを見て視聴する動画を決定します。よって、サムネイルとタイトルは重要な役割を果たします。魅力的なサムネイルは視聴者の興味を引き、より多くの視聴回数を生み出してくれます。

YouTubeショート動画のサムネイル（左）と
通常動画のサムネイル（右）

① 何もしないとサムネイルは自動設定

　YouTubeにショート動画をアップロードすると、動画のなかのフレーム（場面）をYouTube側がランダムに選んでサムネイルとして設定します。これにより、意図しない場面（登場人物が目をつぶっている場面、動画の内容がよく分からない場面など）がサムネイルになってしまうことがあります。

　意図しないサムネイルになることを防ぐために、必ず手動でサムネイルを設定してください。

② ターゲットに合わせたサムネイルを

　通常、サムネイルに設定するのは動画の冒頭のシーンで問題ないでしょう。編集の段階から、サムネイルとなる冒頭のシーンには興味を引くようなデザインや文字を使用することを心がけてください。また、ターゲットとなる視聴者に合わせてデザインすることが大切です。

　例えば私のビジネスの対象の方々は40代～70代の建設関連会社の社長や役員です。そのため、「シンプルなデザイン」「白黒を基調とした色使い」「小さすぎない文字」を意識しています。

　建設業に興味を持ちそうな若手をターゲットとするなら、エネルギッシュで明るい感じのデザイン、強いコントラストや鮮やかな色使い、ヘルメットや工具など建設に関連する絵文字・アイコンを活用する、といった要素が考えられます。ターゲットの年齢層や関心事などを考慮し、適切なデザインで動画編集を行い、その場面をサムネイルとしてください。

③サムネイルで興味を引くために

サムネイルは、タイトルと連動して、視聴者の興味を引きつける重要な役割を担っています。「えっ？　これ何だろう？」「どういう意味？」「見てみたい！」といった反応を引き出すことを目的としています。視聴者に「続きが気になる！」と思ってもらえるようなサムネイルをつくるポイントは以下のとおりです。

- ●動画の内容を象徴するような画像やテキストを使用する
- ●視聴者の興味を引き出すような疑問や問いかけを含める
- ●ターゲットに合わせたデザインや色使いを心がける
- ●タイトルとの一貫性を保ち、相乗効果を狙う

チャンネル登録者数を
増やすためにやること

▶投稿時間はゴールデンタイムを狙う

投稿する際の設定が終わったら、いよいよ投稿です。この際に気を付けたいのは、投稿時間（いつ投稿するのか）です。アカウントによって最適な投稿時間は異なります。自社のアカウントのゴールデンタイムを狙って投稿することが重要です。

YouTubeで動画を投稿して、動画が見られるようになると、視聴者のデータがYouTubeに蓄積されます。そしてYouTube Studio

から、あなたのチャンネルの視聴者がどの時間に動画をよく見てくれているのか、「アクティブな時間帯」を確認できるようになります。

視聴者のアクティブ時間を確認する方法

❶ スマホのYouTube Studioアプリか、ブラウザのYouTube Studioにログインする。

❷ メニューにある「アナリティクス」をタップする。

❸ 「視聴者」のタブをタップし、「視聴者がYouTubeにアクセスしている時間帯」のデータを確認する。

グラフが濃い紫色になっている時間帯ほど、多くの視聴者がアクティブであることを示しています。逆に、色が白に近づくほど視聴者数が少ないことを意味します。例えば私のアカウントでは、21時から23時に視聴者が集中しています（111ページの画像参照）。この時間帯が、私のチャンネルの視聴者にとってアクティブな時間帯ということです。

ユーザーがアクティブな時間帯に投稿を行うことで、初速が良くなり、より多くの人に動画を見てもらえる可能性が高くなります。自社のチャンネルのゴールデンタイムを見つけて戦略的に投稿時間を設定してください。

またYouTube Studioでは、ほかにも次のようなデータを確認・分析できます。

❶チャンネル登録者数のグラフ
❷１動画・トータルの視聴回数のグラフ
❸総再生時間のグラフ
❹コメント
❺いいね数・コメント数
❻視聴者の年齢
❼視聴者の性別
❽視聴者の国
❾視聴者のアクティブ時間
❿リピーターか新規かの確認

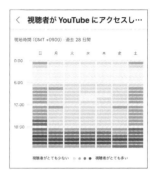

YouTube Studioの
アナリティクス画面

　上記はパソコンでもスマホでも確認できますが、スマホアプリでも十分に見やすく、手軽に確認できます。ぜひインストールして毎日チェックして、運用の改善に役立ててください。

▶チャンネル登録「100人」「1000人」「5000人」を達成するために

　採用のためのSNS運用では、チャンネル登録者を増やすことが目的ではありません。とはいえ、チャンネル登録者を増やしたほうが、より多くの視聴者に動画を見てもらえて、採用につながりやすいのも事実。チャンネル登録者数をSNS運用の目標値の一つに設定して、伸ばす工夫をしましょう。YouTubeでチャンネル登録者数100人、1000人、5000人を達成するためのポイント

をそれぞれ挙げました。

チャンネル登録者100人達成のポイント

①目的の明確化

　採用、集客、ブランディングなど、チャンネルの目的を明確にし、常に意識することです。採用を目的に始めたのに、いつの間にか集客やブランディングが目的になってしまったら、投稿する動画の内容もブレてしまいます。

②ペルソナの設定

　すでに説明しましたが、ペルソナ（ターゲットとなる視聴者層）を詳細に設定し、そのペルソナに向けて発信することに集中しましょう。

③タイトル、サムネイルにこだわる

「いいタイトルが思いつかないから適当に付けよう」とか「今日はサムネイルなしでいい」はダメ。毎回の動画が勝負です。興味を引くタイトルとサムネイルを設定しましょう。

④週3回の投稿を徹底

　投稿頻度が低いほど、チャンネル登録者数100人の達成が遠のきます。登録者数を増やすためには、週3回の投稿頻度を維持することが重要です。

チャンネル登録者1000人達成のポイント

①試行錯誤の繰り返し

　登録者数が伸び悩んだ場合は、原因を徹底的に分析し、修正を繰り返しながら投稿しましょう。

②伸びているアカウントの研究

　同ジャンルや他ジャンルで5000〜1万人の登録者がいるアカウントを参考にしましょう。ただし、10万人以上のアカウントは参考にする必要はありません。

③タイトルとサムネイルにこだわる

　タイトルやサムネイルづくりは奥が深いもの。まだまだこだわって、引き続き、魅力的なサムネイルとタイトルを作成することを心がけましょう。

④週3回の投稿を継続

　1000人に到達するまで、週3回の投稿頻度を維持し続けることが大切です。

チャンネル登録者5000人達成のポイント

①オリジナル性の追求

　ほかのチャンネルにはない独自の内容を取り入れ、差別化を図ることで登録者数の増加につなげましょう。

　私が2020年から2022年まで運営していた高校野球予想チャンネルでは、年間を通してすべての大会を網羅的に分析し、週5〜

7回の高頻度で投稿していました。当時このようなチャンネルは
ほかになく、最高5200人の登録者数を獲得しました。ほかのア
カウントにはない独自性のある投稿を取り入れることが差別化に
つながり、登録者数の増加に寄与します。

②アカウントの詳細分析

　視聴者の行動を分析し、人気のある動画や離脱ポイントを把握
することで、改善点を見いだしましょう。視聴回数だけでなく、
視聴維持率、平均視聴時間、高評価・低評価、コメント数、視聴
者の属性など、分析するポイントはたくさんあります。

③ライブ配信の活用

　ライブ配信は視聴者の生の声が直接聞ける貴重な機会。他社と
の差別化にもつながります。ライブ配信を通じて視聴者との交流
を深めましょう。

　これ以外にも、伸びているアカウントの研究、タイトルやサム
ネイルにこだわること、そして週3回以上の投稿は引き続き行っ
てください。チャンネル登録者数は、あるときに勢いよく伸びた
り、と思ったらまったく伸びなくなったりの繰り返しです。伸びな
くなったときに、「どこに原因があるのか」と考え、改善すること
でまた伸びが加速します。根気よく試行錯誤を重ねることが大切
なのです。

▶コメントは貴重な交流の場。
ユーザーがコメントしたくなる環境をつくる

YouTubeはInstagramやLINE公式アカウントなどのSNSと違い、メッセージをやりとりする機能はありませんが、ユーザーと交流できる場所としてコメント欄があります。YouTube運用では、このコメント欄にも気を配ることが大切です。

コメントが多いアカウントは、AIによって高く評価され、おすすめされやすくなります。また、ユーザーがコメントを入力している間は動画が再生され続けていることになるため、視聴維持率が上がります。つまり、長文のコメントを入力したくなるようなショート動画を投稿することは、再生回数を稼ぐことにもつながります。

では、どのような動画にすることが視聴者のコメント入力を促すことになるのでしょうか。いくつかのポイントを挙げてみました。

①視聴者がコメントしやすい環境の整備

単に「コメントしてください」「○○をコメントで教えてください」などと伝えるだけでは、多くのコメントをもらうことはできません。深く考えなくても気軽にコメントできるよう、簡単に答えられる質問を用意してあげる必要があります。例えば、
「休みを増やしてほしい派ですか？　給料を上げてほしい派ですか？　コメントください！」
「上司にはっきり言う派ですか？　言わない派ですか？　コメントに書き込んでください！」

115

「給料いくら欲しいですか？　コメントに入力をお願いします！」
といった呼びかけをすることで、コメントをもらいやすくなります。動画の投稿に慣れてきたら、このようにコメントを促す呼びかけを積極的に入れていきましょう。

②コメントへの丁寧な対応

　もらったコメントに対しては丁寧に返信することも大切です。

　うれしいコメントや質問ばかりではなく、時には批判的なコメント、ふざけ半分のコメントなども投稿されることがありますが、それらに対しても「コメントありがとうございます」「参考にさせていただきます」といった大人の対応で臨みましょう。

　もちろん、誹謗中傷や悪質ないたずらのようなコメントには、YouTubeへ報告したりブロックしたりといった対処を行ってください。

　避けたいのは、コメントに対して真っ向から反論したり、口論をしたりすることです。第三者から見ると大人げない態度のように感じられて、会社のイメージダウンにつながります。大人の対応であしらうようにしてください。

▶投稿の「上げ直し」「削除」は厳禁！

　最後にYouTube運用において絶対にやってはいけないことをお伝えします。それは、投稿の削除、上げ直しです。一度投稿した動画を削除し、同じ内容の動画を再度アップロードすると、

YouTubeのシステムはそれを認識します。そして以前に同様の動画が投稿されたことを検知し、新しい動画の拡散範囲を大幅に制限する可能性があります。

　その結果、本来は1000回再生される動画が100回未満に、30万回再生される動画が1000回未満になるなど、深刻な影響が出ることがあります。私自身、2020年頃からYouTube運用を始めて、何度も検証し、分かった結果です。

　投稿のやり直しをしないためには、投稿前に動画や画像の内容を入念にチェックすることが大切です。完成した動画をよく確認し、ミスがないことを確実にしてから投稿するようにしましょう。

Chapter 4

認知度アップの次は応募と問い合わせ数を増やす!

建設業のためのSNS活用／LINE公式アカウント編

LINE公式アカウントには
ほかのSNSにはない個別感がある

▶ LINE公式アカウントとは？

LINE公式アカウントとは、企業や団体、個人事業主などが利用できるLINEのビジネス向けサービスです。LINEが主に個人間のコミュニケーションに使われるのに対し、LINE公式アカウントは企業・団体とユーザーをつなぐビジネス向けのプラットフォームといえます。LINE公式アカウントで利用できる主な機能は次のとおりです。

▶ LINE公式アカウントの特徴

LINE公式アカウントのSNSとしての特徴は次のとおりです。

① ユーザーが最も返信しやすい媒体

LINEの月間利用者数は9700万人で、そのうち1日に1回以上利用するユーザーは86％（2023年6月末時点、LINE発表）。LINEは日本のスマホユーザーのほぼ全員が使っているアプリといえます。スマホを触ったときにまずLINEを必ず開く人も多いのではないでしょうか。

Instagram、TikTok、X、Facebookメッセンジャー、そしてメールよりも、友人・知人と連絡を取る手段として使われているのが

LINEです。LINE公式アカウントは、そのLINE上で、企業と
ユーザーがコミュニケーションを取れるサービスです。ユーザー
とコミュニケーションがしやすく、関係強化しやすいという特徴
は、他のアプリよりも抜きん出ています。

②個別感がある

InstagramやTikTokなどにもDM機能があり、１対１のメッ
セージのやりとりを行えます。しかし、それらのアプリはあくま
でも情報収集や情報共有の手段として使われることを想定してい
ます。一方LINEは、メッセージのやりとりに主眼をおいたアプ
リです。LINEでチャットのやりとりをすることで、ユーザーと
の間に個別感が生まれ、親しみを感じてもらいやすくなります。

③友だち追加のハードルが高い

そもそもLINE公式アカウントでは、ユーザーに「友だち」に
追加してもらわないと、メッセージのやりとりができません。問
題はどうやってそこにたどり着くか。友だち登録してもらうまで
が最もハードルが高いといえます。友だち登録してもらうには、
それだけのメリットを感じてもらう必要があります。

しかし、一度友だち登録してもらえれば、あとはこちらのペー
スで情報を配信していけます。

④すぐにブロックされやすい

LINEはほかのSNSよりもブロックされやすいといえます。
LINEはユーザーにとって、日常的に最も頻繁に利用するアプリ

です。通知が来たら必ずチェックするという人も多いでしょう。そんなLINEに高い頻度で投稿を繰り返していると、「また配信がきた」「しつこい」などと思われてしまい、すぐにブロックされてしまいます。この対策はのちほどお伝えします。

⑤建設業界のほとんどの会社が利用していない

『企業におけるSNSのビジネス活用動向アンケート』（帝国データバンク）では、建設業界においてLINE公式アカウントを活用している企業の割合は約13％であることが示されています。実際に活用している企業は大手が中心でしょう。

建設業専門のコンサルティング会社である私たちの実感としては、中小建設業での活用割合は1割以下です。BtoCビジネスであるハウスメーカーなどでは活用しているケースを見かけますが、BtoBの建設会社が活用している例は見当たりません。よって、差別化を図るためにもLINE公式アカウントを始めることは大チャンスといえます。

▶初めは無料プランで十分

LINE公式アカウントには3つの料金プランがありますが、無料から開始できます。月200通までは無料でメッセージを送れます。メッセージ数は、「メッセージ送付人数×メッセージ通数」で計算されます。つまり、50人のユーザーに対して、一月の間に3通のメッセージを送ったら、合計150通となります。結論として、採用目的のLINE公式アカウントにおいては、無料の範囲

内で十分に運用可能です。

　友だち人数が300人を超えたら、無料メッセージ通数の範囲での運用は難しくなるので、ライトプラン（月額5500円）への変更を検討しましょう。

LINE公式アカウントの開設・設定方法

▶まずはアカウントをつくろう

　では具体的にLINE公式アカウントの始め方を解説していきましょう。

①LINE公式アカウントページにアクセスする

　まずは、LINE公式アカウントのページにアクセスします。ページ左側にある「LINE公式アカウントをはじめる」か、ページ上部の「アカウントの開設」ボタンをクリックしてください。

　なお公式ページには、LINE公式アカウント活用のためのセミナー案内やコラムなど、役立つ情報が掲載されています。ビジネス用のアカウントをつくる前に、これらのページにアクセスして、より効果的な運用方法を学んでおくといいでしょう。

②LINEビジネスIDを取得する

　LINE公式アカウントを利用するには、まず「LINEビジネス

ID」を取得する必要があります。アカウント開設ページで「LINE
アカウントで登録」または「メールアドレスで登録」をクリック
します。すでにLINEビジネスIDを所有している場合は、「アカ
ウントをお持ちの場合はログイン」をクリックしてログインして
ください。

　LINEビジネスIDを初めて登録する場合は、各情報を入力する
ページに移動します。ここでは、LINE公式アカウントの「アカ
ウント名」「メールアドレス」「会社の所在国・地域」「会社名」「業
種」など、自社のアカウントに関する情報を入力します。必要事
項を入力すれば、すぐにビジネス用アカウントが作成できます。

③LINE公式アカウントにログインする

　LINEビジネスIDを登録できたら、WEBまたはスマホアプリ
からLINE公式アカウントの管理画面にログインできます。スマ
ホアプリはAndroidとiOSの両方に対応しています。使いやすい
ほうを選んで運用しましょう。

④LINE公式アカウントで設定を行う

　管理画面にログインしたら、プロフィールなどの設定を行いま
しょう。

　まず、ホーム画面の上部にある「プロフィール」をクリックし、
「プロフィールページ設定」を開きます。プロフィール画像や背
景画像、他SNSのアカウント情報、住所や営業時間などの基本
情報を入力します（各項目のポイントについては、のちほど説明
します）。

基本情報の設定画面

　入力が完了したら、最後に「公開」をクリックします。なお「情報の公開」のメニュー一覧から、「検索結果とおすすめに表示」をチェックしておくと、作成したアカウントが検索結果の一覧に表示されるようになります。ただし、検索結果に表示されるのは認証済みアカウントのみなので、事前に申請しておくといいでしょう。

▶プロフィール設定&最低限やっておくべき設定

ユーザーがLINEで「友だち」に追加する際に表示されるのが、LINE公式アカウントのプロフィール画面です。プロフィール画面に凝った工夫ができるわけではありませんが、それでも写真や名前など最低限の情報を設定しておく必要があります。また、プロフィール画面以外にも事前に設定しておくべき項目があります。

①名前は「20文字以内」にすること

LINE公式アカウントの名前は最大20文字までです。この名前はYouTubeのチャンネル名と違ってSEOとは関係がないので、「〇〇建設」「〇〇〇〇コーポレーション」のように簡潔な名前でも構いませんし、混乱させたくないということでしたら、全SNS共通した名前でも構いません。

②「アイコン写真」「背景写真」の設定について

アイコン写真はほかのSNSと統一しましょう。背景写真はお好

背景画像あり（左）となし（右）の違い

みで設定してください。背景写真を設定すると情報を追加でき、オシャレな印象を与えられますが、営業感が強くなりすぎる可能性もあります。設定せずに白いままの背景でも問題ありません。

③名前の下に「一言メッセージ」を添える

　プロフィール画面で、名前の下に20文字以内のメッセージを表示できる欄があります。「○○株式会社の公式アカウントです」でもいいのですが、どうせなら友だち登録したくなるようなメッセージを入れましょう。

　「＋追加でプレゼントを進呈」「〜の情報を定期配信！」などと

プロフィールに入れる一言メッセージ

Chapter 4　認知度アップの次は応募と問い合わせ数を増やす！
建設業のためのSNS活用／LINE公式アカウント編

書くことで、登録せずに離脱してしまうことを少しでも防げる可能性があります。

④あいさつメッセージに「動画」を入れること

友だち登録してくれた人に対して、自動的に送られるのが「あいさつメッセージ」です。デフォルトでは次のようなメッセージが設定されています。

「（友だちの表示名）さん　はじめまして！（アカウント名）です。

友だち追加ありがとうございます

このアカウントでは、最新情報を定期的に配信していきます　どうぞお楽しみに」

あいさつメッセージ

ほとんどのLINE公式アカウントは、このように文章のみのあいさつメッセージを設定しています。このメッセージに文章だけではなく動画を使用することで、情報伝達力が高まり、差別化にもつながります。

ただし、LINEで動画をそのまま送ることはできません。そこで、あいさつメッセージ用の動画を撮影してYouTubeにアップロードし、その動画へのリンクを貼ります。これにより自動でサムネイル画像が表示されるので、動画メッセージのように見せられます。

⑤「リッチメニュー」で顧客の手間を省くこと

LINEのリッチメニューとは、LINEの公式アカウントにおいて、画面下部に常に表示されるメニューのことです。このメニューにはボタンやバナーを設置でき、ユーザーはワンタップで特定のコンテンツ（自社採用サイトや動画など）にアクセスできるようになります。リッチメニューを設定することで、ユーザーとのやりとりを効率化できます。

リッチメニューがないと、登録者に1から100まですべての情報を提供する必要があり、質問にも一つひとつ答えていく必要があります。また、相手に「メッセージを入力して送る」という手間を与えることになり、ユーザーが離脱しやすくなります。「よくあるご質問」などをリッチメニューに用意しておくと、質問する手間や回答する手間を省けます。

リッチメニューの例

▶各SNS・ホームページに忘れずに記載を

LINE公式アカウントの設定が終わったら運用スタートです。

Chapter 4　認知度アップの次は応募と問い合わせ数を増やす！
　　　　　建設業のためのSNS活用／LINE公式アカウント編

YouTube、Instagram、TikTok、ホームページに貼った LINE公式アカウントの「友だち追加」リンク

LINE公式アカウントの運用で目指すことは、求職者や自社の仕事に興味がある人に「友だち追加」してもらうことです。そのために、LINE公式アカウントの友だち登録リンク・QRコードをさまざまなところに配置しましょう（130ページ参照）。

　具体的には、YouTube、Instagram、TikTok、自社ホームページの4カ所には必ず配置します。各SNSでは、アカウントの説明欄はもちろん、動画の一つひとつにLINE公式アカウントの友だち追加リンクを貼りましょう。自社ホームページでは、トップページの目立つところにリンクやQRコードを掲載してください。

▶SNSに記載する誘導文は慎重に

　SNSのプロフィールにLINE公式アカウントへの誘導文を記載する際、「求人応募」や「職人募集」などの文言を使用してもいいのですが、少々注意が必要です。自分たちとしては、「ユーザーがSNSを見る→LINE友だち追加→応募フォームから応募」という理想的な流れを思い描いているかもしれませんが、ユーザーにとってその流れは急すぎる印象を与えてしまいます。

　ユーザーは、企業の公式アカウントを友だちに追加した時点では求人に応募する意志が固まっているわけではなく、「ちょっと興味がある」程度の段階かもしれません。それなのにいきなり採用エントリーフォームに誘導されてしまうと、腰が引けてしまい、LINE公式アカウントをブロックしてしまうこともあります。

　私のお客様からもよく、「LINEに登録してもらっても、すぐ

Chapter 4 認知度アップの次は応募と問い合わせ数を増やす！
建設業のためのSNS活用／LINE公式アカウント編

ブロックされる」「LINEからの応募はあるけれど、面接までいかない」といった悩みを耳にします。これは、ユーザーの気持ちが「応募したい」というレベルに達していないのに、早急に応募フォームに誘導してしまうことが原因だと考えられます。

　この問題を防ぐためには、まずはYouTube、Instagram、TikTokなどのSNSにおいて「一度話を聞いてみたい！」「この会社で働こうかな？」と思ってもらえるような動画コンテンツを提供することが大切です。例えば、「○○株式会社はこんな会社です」「○○株式会社の歴史」「○○株式会社の社員紹介」「○○株式会社で一緒に働きませんか？」といった内容の動画を配信し、少しずつ興味を引いて、応募につなげていくのです。

　動画を見たユーザーは、「こんな会社なのか」「良い人が多そう」「現場の様子がよく分かる」と感じ、興味・関心を深めてくれます。その結果、「LINE登録→応募→採用」へとスムーズに進みやすくなります。

LINE公式アカウントで段階を踏んでエントリーへと導く

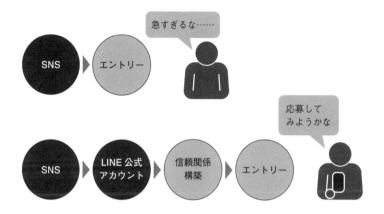

▶LINE特典もしくはLINE限定動画を用意すると効果的

　ユーザーはなんらかのメリットを感じないと友だち追加をしてくれません。友だち追加のメリットを感じてもらうために、「LINE限定特典」もしくは「LINE限定動画」を複数用意することが効果的です。これらの特典や動画は、LINE登録者のみがゲットできる情報や特典として提供します。例えば当社の場合、以下のような特典を用意しています。

- 建設業界SNS活用法（PDF資料）
- 絶対にやってはいけない建設SNS運用5選（動画）
- 採用・集客数が3倍UPする建設業界SNS攻略マル秘手順書（PDF 資料）
- 個別オンラインZOOM会

**LINE友だち追加へ案内する文面（左）と、
追加後に送られてくる特典メッセージ（右）**

LINE お友だち追加で下記↓「✅特典」を無料ゲット🍾
📣約2000名以上の方が登録中！
https://lin.ee/9yV8wlE
✅ 建設業界SNS活用法㊙PDF資料
✅ 絶対にやってはいけない建設SNS運用5選 PDF資料
✅ 採用・集客数が3倍UPする建設業界SNS攻略㊙手順書
✅ 個別オンラインZOOM会

【特典お受取り方法】
1. 上記もしくは下記の公式LINE URLをタップ
2.「+追加」をタップ
3. ご希望の特典の数字を送る
※3ステップで簡単に受取ることができます！
──────────────
✅約2000名以上の方が登録中 ✅
中西涼｜建設業・採用と集客のSNS運用術【公式LINE】
https://lin.ee/9yV8wlE
──────────────

まずは LINE限定
5大特典をお受取りください🎁

①→建設業界SNS活用法㊙8分動画

②→「採用」「集客」数が3倍UP↗
　　建設業界SNS攻略㊙手順書

③→絶対にやってはいけない❗
　　建設SNS運用5選・9分動画

④→①動画のPDF送付
　（文章版・内容を要約）

⑤→③動画のPDF送付
　（文章版・内容を要約）

　これによりユーザーは、「友だちに追加するだけで特典をもらえるなら追加しようかな」と思ってくれるでしょう。特典はPDFでもいいのですが、より人柄を伝えやすい動画を積極的に活用してください。

問い合わせ対応はLINEに集約。
一斉配信、動画も活用

▶ホームページからの問い合わせはハードルが高い

　求職者からの問い合わせは基本的にLINE公式アカウントで対応することをおすすめします。YouTube、Instagram、TikTok

などから受ける問い合わせをすべてLINE公式アカウントに集約しましょう。その理由は以下の3点です。

- ●ユーザーの心理的なハードルを下げるため
- ●より気軽に問い合わせをいただくため
- ●問い合わせ数を大幅に増やすため

例えば次のページのような問い合わせフォームは悪い例です。会社名、お名前、役職、メールアドレスなど、9項目を入力しないと問い合わせ送信できない状態になっているからです。このようなフォームでは、求職者は問い合わせしにくいと感じてしまいます。

「応募するかどうかは決めていないけれども、ちょっと質問したい」程度の求職者が、このような問い合わせフォームに直面したらどう思うでしょうか。面倒くさいと感じてしまい、問い合わせをするのをやめることもあるでしょう。問い合わせフォーム一つで、問い合わせ数が大幅に減ることもあるのです。

では、どんな方法で問い合わせを受けるのが最適なのかといえば、それはLINE公式アカウントです。

Chapter 4 認知度アップの次は応募と問い合わせ数を増やす！
建設業のためのSNS活用／LINE公式アカウント編

問い合わせフォームの悪い例

▶メールよりLINEという人も多い。
だから問い合わせはLINEに集約

　問い合わせを受け付ける窓口は、LINE公式アカウントに集約しましょう。LINEは国内に9700万人もの利用者が存在しており、日本の人口の8割以上にアプローチできる手段となっています。最近では、連絡手段にメールを使わずLINEのみという人も多いです。

　InstagramやTikTokのDMで問い合わせを受けることも可能ですが、利用人数はLINEよりも大幅に少ないですし、メッセージ（チャット）機能の使いやすさはLINEよりも劣ります。それらのSNSのDM機能に使い慣れていない人もいます。

　LINEであれば、友人や家族とメッセージをやりとりするのと同じ感覚で、問い合わせ・返信が行えます。この気軽さはLINEならではといえます。ユーザーの心理的なハードルを下げ、問い合わせ数を大幅にアップするためにLINE公式アカウントは必須の問い合わせツールです。

▶記入項目をできるだけ減らして応募のハードルを下げる

　LINE公式アカウントで問い合わせを受ける際には、記入項目を減らして「応募しやすい環境」をつくることが重要です。よくある採用関連の応募・問い合わせフォームは、名前、性別、住所、電話番号、メールアドレス、年齢などに加え、学歴、家族構成、現在の日当または月収、職務経験、所有資格、前科前歴、健康状

Chapter 4　認知度アップの次は応募と問い合わせ数を増やす！
　　　　　建設業のためのSNS活用／LINE公式アカウント編

態、いつから就業できるか、自己アピールなど、多数の入力項目
があります。このように記入項目が多いと、せっかく仕事をした
いと意気込んでいた人も書く気をなくしてしまう可能性がありま
す。

「記入項目が多くてもきちんと書いてくれる真面目な人を採用し
たい」という考え方もあるかもしれませんが、そのことによって
応募数を減らしてしまったら元も子もありません。したがって記
入項目は最低限の項目のみにすべきでしょう。例えばLINEでエ
ントリーしてもらう際に求める項目は、

　●名前　　　　　　　●年齢
　●住所（市区町村まで。番地以降は不要）
　●現在の職業　　　　●面接希望日

などで十分です。電話番号やメールアドレスも不要です。この程
度の項目だったらLINE公式アカウントのメッセージにそのまま
記入して送ってもらえばいいので、エントリーフォームをわざわ
ざつくる必要もありません。

　LINE公式アカウントから問い合わせが来るということは、
YouTubeなどのSNSで動画を見て「この会社で働きたい！」「面
接を受けたい！」と思ってもらっている状態です。自社に興味を
持ち、仕事に対して前向きな思いで問い合わせをしようと思い
立った人に、その勢いのまま応募してもらうためにも、とにかく
手間をかけさせないようにすることが大切です。

エントリー時の記入項目

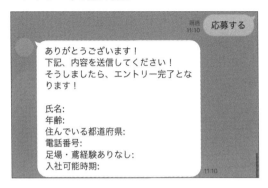

▶自動返信は使わず、一人ひとり個別に対応する

　LINE公式アカウントには自動返信機能があります。ユーザーが指定した単語をメッセージで送ると、あらかじめ設定しておいたメッセージが返信される機能です。例えばユーザーが「採用情報」などと送ると、採用に関連する情報や採用ページのリンクを自動で返信するという使い方が考えられます。

　自動返信機能を利用すれば返信作業の手間が省けます。しかし私は使わないほうがいいと考えています。自動返信には人間味や丁寧さがなく、手抜きのような印象を与えてしまうこともあるからです。

　ユーザーのなかには、自動返信メッセージに対して「人が返信しているんじゃないのか……」などとネガティブな感想を持つ人もいるでしょう。その結果、メッセージを送ってくれなくなったり、ブロックされたりする可能性も考えられます。

Chapter 4　認知度アップの次は応募と問い合わせ数を増やす！
　　　　　建設業のためのSNS活用／LINE公式アカウント編

　求人に応募する人たちは、勇気を出してLINE公式アカウント
に登録し、メッセージを送ってくれています。そんな人に対して
自動返信は印象が良くありません。

　きちんと人間味のある文章で、一人ひとりに丁寧に返信してく
ださい。時間と手間はかかりますが、個別の対応によって相手に
与える印象が良くなり、採用につながる確率も上がるはずです。

▶一斉配信による告知はほどほどに

　LINE公式アカウントでは、個別メッセージのやりとりだけで
なく「一斉配信」の機能もあります。一斉配信は、登録者全員に
効率的に情報を伝えるのに有効です。例えば、合同説明会の告知
など、全員に知ってほしい情報を送るときに使います。

　この一斉配信による告知は便利ですが、頻繁に使うのは避けた
ほうがいいでしょう。告知ばかりを行っているLINE公式アカ
ウントという印象を与え、ユーザーの飽きや反感を招くためで
す。

　妥当な頻度としては1〜2カ月に1回程度です。説明会などの
告知とは異なる、お役立ち情報を一斉配信する場合なら高い頻度
で行っても問題ありません。

▶相談・質問への回答は動画で行うと印象アップ

　ユーザーからの相談・質問があったとき、メッセージでそのま
ま返すのもいいのですが、時には動画で返答する方法もおすすめ

です。これはLINE公式アカウントに限った話ではなく、Instagramでも当てはまります。LINE公式アカウントやInstagramのDMで求職者に個別メッセージを送る際、「この内容は文章より話したほうが伝わりやすい」と思ったら、ぜひ動画で返信してください。

あなたはネット上で企業やサービスに問い合わせた際、動画で回答が送られてきたことがあるでしょうか。おそらくほとんどの人はないでしょう。だからこそ、動画で回答をもらうと「こんなことしてくれる会社は初めてだ」と驚き、「自分のために撮影してくれたんだ！」と感激するはずです。

フォロワーさんとのDM

**フォロワーさんからの
感謝のメッセージ**

私もSNSコンサルティング事業の問い合わせに動画メッセージを送ることがありますが、相手からは驚きや感謝の反応があります。

141ページの右の画像がそのいくつかあるなかの一例になります。

フォロワーさんから長文でお礼のメッセージが届きました。おそらく予想外だったのだと思います。

LINE公式アカウント運用で必ず意識したいこと

▶1年で2000人以上の登録者を獲得した私の方法

私が運用しているLINE公式アカウントは、一つは登録者数2000人を超え、もう一つは約400人となっています。私が友だち登録者を増やすために実践した2つの取り組みを紹介します。なお私のLINE公式アカウントは採用ではなく集客を目的に運営していますが、どちらの目的でも友だち登録者増加のためにやるべきことは同じです。

登録者2000人を超えた
LINE公式アカウント

①有料級の価値ある友だち追加特典を用意する

　一般的な告知やSNSと同様の情報発信だけでは、ユーザーはなかなか友だち追加に踏み切ってくれません。「職人大募集！」や「応募はこちらから↓」といった文言だけでは十分ではありません。

　そこで、ユーザーが「この情報は欲しい！」と感じるような特典を用意する必要があります。私の経験から、最低でも2～3個の豪華な特典を提供することをおすすめします。これにより登録のインセンティブが増し、より多くのユーザーが友だち追加を決断してくれます。一つの特典でもいいのですが、複数提供したほうがお得感が増します。

　なお私の場合は、「今日から使える！　建設業SNSの伸ばし方」「絶対にやってはいけないSNS運用法」「採用につながるSNS運用簡易手順書」などの特典を友だち追加のお礼として無料で提供しています。これらの特典は、ターゲットとするユーザーにとって魅力的なはずです。

　特典は、PDFファイルや動画で提供するのがいいでしょう。動画なら、テーマに沿って社長や社員に語ってもらい、それを編集するだけなので比較的手間がかからないといえます。

● 初心者向け建設業界入門ガイド

● 資格を取るならこれ！　最新の稼げる資格5選

● 就職活動に役立つ、建設業界ニュースとトレンド情報まとめ

● 年収倍増計画！　建設業界のキャリアアップ戦略

● 新入社員が知りたいこと、先輩社員が全部答えます！

など、いろいろな特典が考えられますね。特典の制作は多少手間がかかるかもしれませんが、一度つくればブラッシュアップしながら継続して使えます。

②SNSでの告知と情報発信

有料級の特典を提供し、LINE公式アカウントで情報を配信しても、その存在に気づかれなければ意味がないのです。したがって「LINE公式アカウントを利用しています」「○○の特典を受け取れます」「○○の情報を毎週配信しています」といった具体的な告知が必要です。SNSなどで告知をすることにより、自身のアカウントの視聴者やフォロワーに気づいてもらいましょう。具体的には次のような場所で告知をしてください。

- YouTubeのプロフィール
- YouTubeの投稿
- YouTubeのコメント欄
- Instagramのプロフィール
- Instagramのストーリーズ
- Instagramのハイライト
- Instagramの投稿
- Instagram投稿の説明欄
- TikTokのプロフィール
- TikTokの投稿
- ホームページ
- 会社のエントランスや商談スペースなど

ただし、SNSの投稿（動画）で告知のみを繰り返すと、しつこいと感じさせてしまい逆効果になることもあります。そのため、SNSでは価値ある情報を発信しつつ、補足として「LINE公式アカウントで特典を配布しています」といったことをさりげなく伝えるのがいいでしょう。

SNSでの告知の例

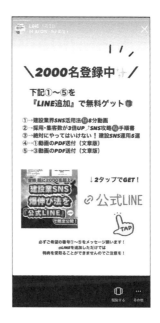

▶対面での接点は友だち登録につなげる良い機会

　就職説明会、インターンシップなど、採用につながりそうな人と接点があったら、LINE公式アカウントの登録を案内しましょう。対面によってある程度の信頼関係を築いたうえでの登録となるので、その後のLINE上でのコミュニケーションもスムーズにいくはずです。また、このアプローチは多くの企業が取り入れていないため、差別化が図れます。

Chapter 4 認知度アップの次は応募と問い合わせ数を増やす！
建設業のためのSNS活用／LINE公式アカウント編

　ただし、無条件で「LINE登録をしてください」と無理強いするようなことは避けましょう。「LINE公式アカウントでは些細なことでもお問い合わせいただけます」「登録していただいた人には特典も差し上げていますよ」などと柔らかく案内したほうが、相手に不快感を与えることがありませんし、メリットを感じてもらえます。

▶とはいえ、LINE登録者だけを増やしても実は意味がない

　これまでの説明と矛盾してしまいますが、実はLINE公式アカウントの運用では、友だち登録者をむやみに増やしても意味がないということをお伝えしておきましょう。

　LINE登録数を増やす策はいろいろあります。複数の魅力的な特典を提供すれば、多くの人が登録してくれるでしょう。しかし、特典目当ての登録者ばかりが増えて、結果として採用者が増加しないのであれば意味がないのです。

　重要なのは、SNSでつながりのある人に「この会社で働きたい！」と思ってもらうことです。そのためには、価値ある特典を用意するだけでなく、登録前・後の真摯な対応が求められます。登録数の増加に満足することなく、継続的なコミュニケーションを通じて相手と信頼を築き、応募につながる「濃い」つながりを育てることを心がけてください。

▶毎日分析をして修正を繰り返すこと

　ほかのSNSとも共通しますが、アカウントを開設し、初期設定しただけでうまくいくことはありません。日々運用しながら絶えず状況を分析し、継続的な改善を行うことで、徐々に成果が上がっていきます。LINE公式アカウントにもほかのSNSと同じように分析機能が備わっています。スマホのLINE公式アカウントアプリなら、

LINE公式アカウントの分析画面

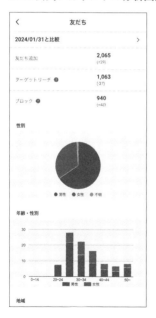 

Chapter 4 認知度アップの次は応募と問い合わせ数を増やす！
建設業のためのSNS活用／LINE公式アカウント編

❶ LINE公式アカウントを開く
❷ 画面下の右から２番目をタップ

上記２ステップで分析が行えます。「友だち」「プロフィール」「友だち追加（経路）」「リッチメニュー」「LINE VOOM」などの項目を開くと、日次・過去７日間・過去30日間などの期間別の数値を確認できます。例えば「プロフィール」を見ると、ページビュー（プロフィールが表示された回数）やユニークユーザー（プロフィールを表示したユーザーの数）を集計した合計値が表示されています。

これらの分析データを活用して、どんなコンテンツが効果的であったか、どの時間帯にユーザーの反応が良かったかなどを把握できます。また、どの経路から新しい「友だち」が追加されたかを知ることも重要です。これにより、YouTubeやInstagram、TikTokでのどんな投稿が効果的だったかを評価できます。

友だち登録者が伸びない、ブロックが多いなどの問題があるのであれば、その原因はどこにあるのかを探り、改善する必要があります。継続的にPDCAを回し、多くのユーザーと有意義な関係を築いていきましょう。

Chapter 5

DMでのコミュニケーションで信頼関係を構築!

建設業のためのSNS活用／Instagram編

Chapter 5 DMでのコミュニケーションで信頼関係を構築！
建設業のためのSNS活用／Instagram編

Instagramは
コミュニケーションしやすいSNS

▶Instagramの機能

Instagramは、写真や動画を中心とするSNSで、Facebookと
同じメタ・プラットフォームズ社が運営しています。Instagram
はビジュアルコミュニケーションに重点をおいており、若い世代
を中心に世界中で人気のあるSNSです。個人や企業がクリエイ
ティブな表現を通じて交流を深められるプラットフォームといえ
ます。Instagramには次のような機能があります。

● **フィード投稿** 写真や短い動画（最大60秒）を投稿し、ほか
のユーザーと共有する。1回の投稿で10枚まで掲載できる。

● **リール** 短い縦長動画（最大3分）を作成・共有できる機能。
リール動画はユーザーのフィードにも表示される。

● **フォロー・いいね** ほかのユーザーをフォローしたり、投稿に
「いいね」を付けたりすることで、交流を深められる。

● **ストーリーズ** 写真や動画（最大60秒）を投稿する機能で、
投稿後24時間で消える。リアルタイムな共有に適している。

● **ハイライト** ストーリーズを保存し、プロフィールページに表
示できる機能。ストーリーズは24時間で消えるが、ハイライ
トを使うことで永続的に保存・表示できる。

● **ダイレクトメッセージ** ほかのユーザーとプライベートなメッ

セージをやりとりできる。

▶Instagramの「6つの特徴」

InstagramはほかのSNSと比較して、以下のような特徴があります。

①フォロワーとのコミュニケーションが取りやすい

Instagramは、フォロワーと直接コミュニケーションを取れる媒体です。投稿に対するコメントやダイレクトメッセージ（DM）を通じて活発な交流を行うことでユーザーとの親近感が増し、求職者の獲得につなげられます。また、ブランドイメージの向上や集客につながることも期待できます。

特にDMはYouTubeにはない機能です。TikTokには形式的に存在するものの、利用者にはあまり認識されていません。よって、DMでやりとりできることはInstagramの強みといえます。

②初期の投稿頻度がフォロワー数に影響する

TikTokやYouTubeでは、フォロワー・チャンネル登録者が少なくても投稿した動画をバズらせることが可能です。一方Instagramでは、フォロワーが一定数いなければユーザーに投稿を見てもらう機会が少ないため、バズることもありません。

したがって、投稿した動画の再生数を増やすためにはフォロワーを増やすことが重要になります。フォロワーを増やすには初期段階での投稿頻度が重要です。特に最初の3カ月間は2〜3日

Chapter 5　DMでのコミュニケーションで信頼関係を構築！
建設業のためのSNS活用／Instagram編

に１回のペースで投稿し、少なくとも100投稿を目標としましょう。これによりアカウントの基盤を固められます。

③拡散力が低い

　Instagramには、XやFacebookのような、投稿をボタン一つでほかのユーザーにシェア（リポスト）する機能がありません。また、Instagramのタイムライン（アプリを開いたときに表示される、ほかのユーザーの投稿が次々と表示される画面）は、フォロー済みアカウントの投稿が中心に表示され、非フォローアカウントの投稿はほとんど表示されません。

　以上のことから、Instagramは拡散力の低いSNSであるといえます。したがってInstagramで自分の投稿をより多くの人に見てもらうには、まずはフォロワーを増やすことが大切です。

④フォロワーの増加が比較的困難

　アカウントのジャンルにもよりますが、InstagramはTikTokやYouTubeに比べてフォロワーが増えにくい傾向があります。そのため、フォロワー数がすぐに増えなくても心配しないでください。地道にコツコツと増やしていきましょう。

⑤投稿数日後に閲覧数が伸びることもある

　Instagramでは、投稿後数日から数週間で視聴数が急激に伸びることがあります。例えば、投稿した動画の再生数が最初の数週は少なくても、１カ月後に急激に増加するケースも少なくありません。すぐに結果が出ない場合でも一喜一憂せず、長期的な視点

で成果を待つことが大切です。

⑥複数の投稿方法がある

　Instagramには、「フィード」「ストーリーズ」「リール」の3つの投稿方法があります。本書で解説しているSNS採用戦略では、YouTubeショート用につくった60秒以内の動画をリールに投稿します。

　ただし、②・③・④に関しては、今後大きく変わる可能性があります。というのも、2024年6月現在、Instagramは、今後アルゴリズムの変更で、TikTok化する可能性があるといわれています。よって、TikTok化した場合は、フォロワー数の増加は決して困難ではありませんし、拡散力も高くなります。

▶ユーザーがフォローをするまでの流れとその重要ポイント

　Instagramにおいてフォロワーを増やすには、ユーザーがどのようなプロセスでInstagramのアカウントをフォローするか知っておく必要があります。そのプロセスは主に2つのパターンに分かれます。

【 おすすめ動画からのフォロー 】

❶ユーザーがInstagramの「虫めがね」マークをタップして、興味を引くリール動画を探す。

❷動画のサムネイルやタイトルを見て、内容が気になったら動画

Chapter 5 DMでのコミュニケーションで信頼関係を構築！
建設業のためのSNS活用／Instagram編

を閲覧する。

❸動画が気になったら説明文を読む。また、そのアカウントのプロフィールページへアクセスする。

❹アカウント名、プロフィール文、過去の投稿、ハイライト、ストーリーズなどを確認し、「興味深い」「面白そう」と考えたらフォローする。

【 キーワード検索からのフォロー 】

❶ユーザーがInstagramの「虫めがね」マークをタップして、求める情報をキーワード検索する。例えば「建設業」「足場工事」などで検索する。

❷検索結果から気になるアカウントや上位に表示されるアカウントを選び、確認する。

❸選んだアカウントのプロフィール文、過去の投稿、ハイライト、ストーリーズなどを確認し、「興味深い」「面白そう」と考えたらフォローする。

こうしたユーザー行動から分かることは、フォロワーを増やすには、サムネイル、タイトル、投稿の説明文、プロフィール文、名前、ハイライト、ストーリーズ、そして投稿内容への配慮が非常に重要ということです。これらの要素がユーザーの興味を引くことができればフォローへとつながります。

Instagram運用のポイントはフォロワーを増やすこと。フォロワーを増やさなければ、ユーザーの目に触れる機会も増えません。これはYouTubeやTikTokと異なる点なので、心に留めておく必要があります。

フォローしたくなる プロフィールの設定方法

▶一目で何をやっているか分かる名前に

Instagramの設定について解説します。ポイントを押さえた設定を行うことで、アカウントの魅力を最大限に引き出し、フォロワーを増やすことが可能になります。

まずはInstagramのアカウントを開設する必要があります。特に難しいことはありません。Instagramアプリをダウンロードして起動し、画面の指示に従って入力していけば迷うことなく設定できます。

最初のポイントとなる設定項目は「名前」です。Instagramのアカウントを新規開設する際、名前とパスワードを設定します。名前は本名やフルネームである必要はなく、会社名やブランド名、愛称などを日本語で入力できます。会社の顔ともいえる重要な要素なので、次の点に注意して設定してください。なお、

YouTubeチャンネルの名前と同じものを使っても構いません。

Instagramの名前

①名前には検索頻度の高いキーワードを含める

名前には、潜在的なユーザーが検索しそうなキーワードを含めることをおすすめします。これにより、検索でアカウントを見つけてもらいやすくなります。

②事業内容が明確に伝わる名前にする

私のInstagramアカウントの「中西涼｜建設業界【SNS×SEO対策】で採用・集客数を3倍に」という名前は、一目で何を専門としているかが分かります。これは「建設業のSNSとSEO専門家」と自己を明確に位置づけ、何を提供できるのかを具体的に示しています。このように、専門性と提供価値を組み合わせたユーザーネームは非常に有効です。

③会社名のみは避ける

「株式会社KCO」のように会社名のみをユーザーネームとして設定することは避けるべきです（すでに広く認知されている場合を除く）。このような名前では、自社がどのような価値や特色を持っているかをユーザーに対して伝えられません。

なお、名前はあとからでも変更できます。Instagram運用を行っているうちに変更する必要が生じた場合は変更すればいいでしょう。ただし、頻繁に変えることはユーザーの混乱を招くのでやめたほうがいいでしょう。

▶ユーザーネームも検索対象になる

　Instagramのユーザーネームは、アプリのプロフィール画面の最上部に表示される英数字と一部記号から成る文字列です。私のアカウントのユーザーネームは「ryo_kensetsu_sns」です。ユーザーネームはプロフィール画面や投稿の際に頻繁に目にするため、非常に重要な役割を果たします。

　ユーザーネームの特徴は、検索対象になるということです。例えばInstagram上で、「建設SNS」というキーワードで検索すると、私のアカウントが検索結果の上位に表示されます。これは私のユーザーネームが検索対象になった、と考えられます。したがってユーザーネームには、自社の事業内容が分かるキーワードを含めて設定することをおすすめします。

　「ryo_kensetsu_sns」というユーザーネームは、建設業界でのSNSコンサルティングを行っていることを示しています。このように事業内容が直感的に分かるキーワードを使用することで、関連する検索においてユーザーに見つけてもらいやすくなります。

　一方で、「ryo_kabushikigaisya」のような会社名をそのままローマ字にしただけのユーザーネームや、「gsjkdhsk1234」のような

Chapter 5 DMでのコミュニケーションで信頼関係を構築！
建設業のためのSNS活用／Instagram編

Instagramのユーザーネーム

意味のない文字を羅列したユーザーネームは避けるべきです。これらの例は、検索される可能性が低く、ユーザーにとって覚えにくいです。特に無意味な文字の羅列は、ユーザーに良い印象を与えません。検索結果でのチャンスを逃す原因にもなります。

▶プロフィール写真はYouTubeと同じものを

プロフィール写真も名前と同様に大事な項目です。YouTubeチャンネルで設定したプロフィール写真と同じものを使いましょ

う。社長またはSNS担当者、人事担当者、スタッフの集合写真
など、「人」を中心とした写真を使ってください。

　Instagram専用に新しく写真を撮る必要はありません。YouTube
とInstagramでプロフィール写真を別のものにしてしまうと、ブ
ランディング効果が薄れてしまいます。「この背景画像・この写
真といえば、この会社」と認知してもらうことが大切なので、ど
のSNSでも同一の写真を使いましょう。

▶プロフィール文には何を書けばいい？

　プロフィール文は、下記の内容を150文字以内にまとめて箇条
書きで書くようにします。

- ●何について発信しているのか？
- ●フォローするとどんなメリットがあるのか？
- ●誰のために発信しているのか？
- ●どんな特徴がある会社なのか？
- ●どこにあるどんな会社なのか？
- ●会社の実績・規模　　　　●現場実績
- ●メディア実績　　　　　　●自社サイトなどへの誘導文

　箇条書きにせずに一続きの文章で書くことは、読みにくくなる
のでやめてください。また、会社の住所や会社の特徴のみを書い
ているプロフィール文もダメです。情報が少なすぎますし、「こ
の会社で働きたい！」と思ってもらい、フォローしてもらうこと

が大事ですので、ユーザーの立場に立って、メリットがありそうな内容を簡潔に書くようにしましょう。

ユーザーは、あなたが投稿した動画を見て、「面白そう」「興味深い」と思ったら、真っ先にプロフィールを確認します。見てもらったときにがっかりさせないよう、きちんとした情報を提供する必要があります。

下記の点にも注意してプロフィールを設定してください。

Instagramのプロフィール文

①文章は簡潔に短く

長々と書く必要はありません。
1行の目安は10文字〜16文字です。

②名前に書いている特徴と重複しないようにする

プロフィール文も文字数に制限があります。すでに名前に記載した内容を使うことは避け、別の情報を記載してください。

③絵文字を2〜3個入れる

絵文字を入れたほうが、楽しさや親しみやすさを演出でき、フォローにつながりやすくなります。

④訪れてほしいリンクを貼る

プロフィール欄には、自社サイトへのリンクを載せてもいいのですが、もし就職・転職サイトに求人広告を掲載しているのなら、そのリンクを貼るのがいいでしょう。

就職・転職サイトのリンクをプロフィールに貼っておくと、ユーザーが応募するステップを省略できます。投稿を見て良い印象→プロフィールと名前を見る→リンクから転職サイトに飛んで応募する、とスムーズに誘導できるわけです。ただし、転職サイトへの広告掲載期間が終了したらプロフィールのリンクも変更しておく必要があります。

なお自社サイトの情報（会社概要、事業概要、採用情報など）は、プロフィール欄に記載するのではなく、ハイライトとしてまとめておくのもいい方法です。設定方法は次に説明します。

▶投稿を始める前に「ハイライト」の設定は必須

Instagramの投稿を始める際に必ず設定してほしいのが「ハイライト」です。Instagramの投稿方法の一つに、24時間で消える投稿「ストーリーズ」があります。このストーリーズを恒久的に残しておき、ユーザーの目に付きやすいプロフィール欄にいつも表示する機能、それがハイライトです。

プロフィールの直下に表示されるハイライトは、訪問者の目に留まりやすいため、運用開始前に適切な設定を行うことが必須です。Instagramでの影響力を最大限に発揮するために、ハイライト機能は必ず設定してください。

Chapter 5 DMでのコミュニケーションで信頼関係を構築！
建設業のためのSNS活用／Instagram編

①ハイライトの設定項目

ハイライトは基本個数の制限はなく、何個でも作成可能なので、できるだけ多くつくるようにしましょう。ただし、画面上に表示されるハイライトは最大で5つです。以下のカテゴリからSNSの目的に応じて最低5つは作成し、設定することをおすすめします。

- 会社紹介：創業年、本社の場所、従業員数、事業内容など。
- 社長の思い・社長紹介：社長の人柄やビジョン。
- 会社の強み：他社との差別化ポイント。
- 採用情報：求める人材の特徴や募集内容。目的に応じて優先順位を変更。
- 会社の実績：過去の成功事例や実績。
- 現場実績：具体的なプロジェクトや現場からの報告。
- メディア実績：メディアに取り上げられた実績。
- 沿革：企業の成り立ちや歴史。
- 社員紹介：社員を一人ひとり紹介。
- アクセス：オフィスの位置情報やアクセス方法。
- お知らせ：イベントや新サービスの情報。
- 自社サイト：採用サイトやコーポレートサイトへの誘導。

ハイライトの例

②ハイライトの配置戦略

　ハイライトは左側のほうがよく見られる傾向があるので、重要な情報を左に配置してください。例えば採用情報や社員紹介をいちばん左に配置するとよいでしょう。これによりユーザーの目に留まりやすくなります。

動画投稿の際に注意すべきポイント

▶投稿内容と投稿のステップ

　Instagramでは、CapCutで編集し、YouTubeにアップした動画をそのまま流用し、リールに投稿してください。Instagram用に別の動画をつくる必要はありません。Instagramアプリでの投稿の手順は以下のとおりです。

❶ホーム画面中央下部（または自分のプロフィール画面右上）の「＋」ボタンをタップする。

❷「リール」をタップする。

❸スマホ内にある動画を選択する。

❹「次へ」をタップする。

❺右上の6つあるマークのなかで左から3番目の「♫」マークをタップする。

❻好きな音楽を選択する。

❼「カバーを編集」をタップする。

❽サムネイルにしたい画面に青枠マークを合わせて右上の「完了」ボタンをタップする。

❾キャプション欄に投稿の説明文を記載する。

❿「人物をタグ付け」をタップして自社アカウントをタグ付けする。

⓫「シェア」マークをタップして投稿完了。

▶「投稿」の際に厳守すべきポイント

　Instagramでの動画投稿のときに守るべき7つのポイントを挙げました。これらを意識して投稿することで、効果的なアカウント運用ができるでしょう。

①必ず「動画」を投稿する

　繰り返しになりますが、閲覧数・視聴数を伸ばし、会社のSNSアカウントの拡大を図るのであれば、投稿は画像ではなく動画にすべきです。

　画像投稿の場合、投稿がフォロワーやそれ以外のユーザーに表示される回数（リーチ数）には限界があります。フォロワー300人なら平均100～200人、500人なら200～300人、1000人なら500人前後がリーチ数の目安です。

　一方、動画投稿では内容次第でそれらの数を大きく上回り、1000人を超えるリーチが期待できます。なかには1万、10万、100万回再生される動画もあります。このように、動画投稿は画像投稿よりはるかに多くの閲覧数を獲得できる可能性があります。

②投稿時間は自社アカウントの「ゴールデンタイム」を狙う

投稿を続けていくと、ユーザーの視聴データが蓄積され、自社アカウントのデータを分析できるようになります。「設定とアクティビティ」から「インサイト」→「合計フォロワー」を開いて、いちばん下の「最もアクティブな時間」を見てみましょう。ここではフォロワーが最もアクティブにInstagramを利用している時間帯がグラフで確認できます。この時間に投稿するとリーチが最も高まります。私の場合、月曜と土曜の18〜21時がフォロワーのアクティブ時間です。

フォロワーのアクティブな時間帯を分析

フォロワーのアクティブ時間に投稿すると、初速が上がり伸びやすくなります。ただし投稿時間は固定すべきです。投稿時間が毎回大きく異なると、投稿が伸びづらくなる可能性があります。一度決めた時間（例えば19時）を守り、それを毎週の投稿時間とすることが大切です。

③サムネイルを必ず手動で設定する

YouTubeと同様にInstagramでも、投稿された動画からランダ

Chapter 5 DMでのコミュニケーションで信頼関係を構築！
建設業のためのSNS活用／Instagram編

ムにフレーム（場面）が選択されてサムネイルとして設定されます。このため、意図しない場面がサムネイルになってしまうことがあります。

これを防ぐには、「カバーを編集」ボタンをクリックし、青枠でサムネイルとして設定したい動画の部分を指定します。これにより、自分が意図した場面をサムネイルとして設定できます。

④再生数が3倍アップするタイトルの付け方

Instagramの場合はサムネイルとタイトルは同じと思ってもらって大丈夫です。InstagramのリールにはYouTubeショートのようにタイトル設定欄がありませんし、また、InstagramはYouTubeと同じ動画を投稿するので、そこまで深く考えなくても大丈夫です。ただ、基礎は頭に入れていただきたいので、伸びやすい良いタイトルの特徴だけまとめておきます。

サムネイル設定画面

シンプルで見やすいタイトルを

- 短い（10〜20文字）
- 数字を入れている
- 分かりやすい言葉を使っている

　長いタイトルは理解が遅れ、サムネイルに収まりません。数字を入れると注目が集まりやすくなります。専門用語は避け、誰もが分かる簡単な言葉を使いましょう。

⑤説明文は手を抜かない

　Instagramでは、投稿やリールにキャプション（説明文）を2200文字まで付けられます。キャプション欄はInstagramのAIがジャンル認知を行う重要な場所です。キャプションの情報をもとに、AIがそのアカウントの対象者や分野を判断し、興味がありそうなユーザーに動画を表示してくれます。この説明文は手を抜かずにしっかりと設定してください。具体的には以下の要素をキャプションに含めましょう。

- サブタイトル　　　　　　●動画の内容説明
- 動画の詳細（原稿をそのまま載せてもよい）
- アカウントで発信している内容
- 視聴者に求める行動（プロフィールやURLへの誘導など）
- 会社情報　　　　　　　　●関連ハッシュタグ

キャプションの例

　キャプションは行間を空けて読みやすくし、投稿内容だけでなくアカウント情報や会社情報も盛り込みます。十分な情報を載せることで、フォロワー数、再生数、視聴維持率、コメント数、問い合わせ数などが大きく変わってきます。

⑥適切なハッシュタグを設定する

　3個から5個を目安にハッシュタグを設定しましょう。20個以上付けると逆効果となり、拡散力が落ちる可能性があります。

　Instagramは、動画の内容、タイトル、キャプションからジャンルを判断し、そのジャンルユーザーに拡散しています。関係の薄いタグを多く入れると、アルゴリズムの認識を誤らせることになりマイナスです。3〜5個に絞ることで、適切なターゲットに

リーチできます。Instagramも公式に3〜5個を推奨しています。

　右の画像のように、タグの入力画面でキーワードを入れて検索すると、そのキーワードが何件のタグに使われているかを調べられます。これにより、ハッシュタグの検索ボリュームがどれくらいかが分かります。ハッシュタグの検索ボリュームは大まかに次の3段階に分かれます。

キーワードを検索窓に入れて検索ボリュームを調べる

- ●ビッグタグ（10万〜40万件）
- ●ミドルタグ（1000〜9000件）
- ●スモールタグ（100〜900件）

　大事なことは、大中小のタグを組み合わせることです。ビッグタグ2個、ミドルタグ2個、スモールタグ1個の組み合わせで設定してください。

⑦BGMは2〜3曲に絞り、いつも同じものを使う

　BGMは基本的には動画の内容に合ったものを選びます。明るいシーンには明るい曲、暗めの内容には静かめの曲を当てるなど、シーンに合わせましょう。ただし、あまり多様な曲を使いす

ぎると、世界観が乱れるおそれがあります。

　そこで、2～3曲程度のBGMを決めて固定化し、それらの曲を繰り返し使用することをおすすめします。継続的に同じ曲を使うことで、「この曲といえばあの会社」とユーザーに印象付けて、アカウントのイメージが明確になります。

　また、BGMに関しては、現在流行っている曲はなるべく使わないようにしましょう。どの会社も同じ曲を使っていますし、よく「流行りの曲を使えば動画が伸びやすい」と聞きますが、正直そこまで変わりません。これは私自身、何度も検証した結果です。それに、ユーザーからすれば、同じ曲を使った会社が次々と現れたら、「この会社もこの曲か」「またこの曲ね」と飽きられてしまいます。よって流行りの曲以外で、自社の固定曲を持っておくようにしましょう。

採用数を3倍UPさせる　アカウント運用法

▶投稿頻度は最低でも2日に1回

　Instagramで採用数をアップさせるための運用方法を説明します。まず投稿頻度ですが、週3回（2日に1回）を目指してください。一つの動画をYouTube、Instagram、TikTokの3つの

SNSで展開するのが本書の戦略なので、投稿頻度はどのSNSでも同じになります。YouTubeは週3回、Instagramは週2回というように、SNS別に異なる投稿頻度にする必要はありません。

▶フォロワーを増やすために大切なこと

フォロワーを増やすために、以下の点を心がけましょう。

①プロフィールを適切に整える

ユーザー名、アイコン、プロフィール文、ハイライト、投稿内容のすべてについて、統一感があるデザイン（カラーやフォント）にする必要があります。

②投稿はリール（動画）中心

ジャンルによってはフィード投稿（画像中心の投稿）が向いている場合もありますが、建設業界ではリール（動画）投稿に絞るほうが効果的です。建設業界に対するイメージを高めるには、画像や文章よりも動画のほうが適しています。

なお、Instagramでユーザーが投稿を閲覧する際の画面はフィードとリールに分かれていますが、アプリを開いたときに最初に開かれるのはフィード画面です。このフィード画面にも、リール動画は表示されます。反対にリールの閲覧画面にフィードは表示されません。したがってリールを投稿すれば、フィード画面とリール画面の両面からユーザーにアプローチできることになります。

Chapter 5　DMでのコミュニケーションで信頼関係を構築！
　　　　　建設業のためのSNS活用／Instagram編

③試行錯誤を繰り返す

　運用するなかで、フォロワーが順調に伸びるときもあれば、停滞するときもあります。伸び悩む時期は必ず訪れます。そんなときに、「なぜ今伸びていないのか？」「何が原因なのか？」と考え、試行錯誤のサイクルを繰り返すことが大切です。常に考え、新しいことに挑戦する姿勢が不可欠です。

▶「フォロー」も積極的に。
　相手は建設業界の関係者のみでいい

　フォロワー数は多ければ多いほどいいといえますが、では、こちら側からフォローする数はどうでしょうか。特にInstagramの場合、フォローも大切です。フォローをしてアクションを起こさないと、そもそも投稿が誰にも閲覧されず、再生数が伸びないからです（私のアカウントで検証済みです）。

　まずは500人を目安に、建設業界に関連するアカウントと、そのフォロワー、建設業界の投稿に「いいね」を押している人などを、1日20人から30人ペースでフォローしていきましょう。

　ただし、フォローする際には注意点もあります。一気に多くのアカウントをフォローするとアクションブロックがかかり、最悪の場合はInstagramの側がスパムと判断してアカウントを凍結されるおそれがあります。朝10人、昼10人、夜10人などと分けてフォローするか、さらに小刻みに1人フォローして30秒ほど間を空けてから次の人をフォローするなどの工夫が必要です。

172

もう一つ注意すべきは、建設業界とまったく無関係の人をフォローしないようにすることです。恋愛系や美容系などの別ジャンルの人をフォローしてしまうと、Instagramのアルゴリズムが「このアカウントは誰に向けて、どのジャンルを発信しているのか」を判断できなくなり、本来のターゲットに投稿が届きにくくなってしまうからです。したがって、フォローする相手は建設業界の関係者のみに限定しましょう。

　SNSでは、ライバル企業もフォローし合って交流する様子がよく見られます。自社のライバルであってもその点はあまり気にせずにフォローをしていきましょう。ただし、今後InstagramのアルゴリズムがTikTok化した場合は、無理にフォローを行う必要がなくなるかもしれません。

　世に出ているインスタ運用情報では、「フォローはほとんど行わなくてもいい。1本目から質の高い投稿を続けていれば自然とリーチも増え、フォロワーは増えていく」といわれていますが、それはもちろんそのとおりの部分もあります。ただ実際は、企業のSNSで再生を取れてリーチされる企画というのはダンス系やエンタメ系のみです。それ以外のインタビューや会社案内系の真面目な投稿はどれだけ質が高くても運用初期で再生やリーチを取るのは非常に難しいです。そういったことから、運用初期はリーチを増やすためにもまずは自分からアクション（フォローやコメントなど）をしていく必要があります。

Chapter 5 DMでのコミュニケーションで信頼関係を構築！
建設業のためのSNS活用／Instagram編

▶フォロー数とフォロワー数の関係に気を配る

フォロー数とフォロワー数の関係は、アカウントの評価に大きな影響を与えるのでよく理解しておく必要があります。

①「フォロワー数＞フォロー数」が理想

一般的に、フォロー数が多く、フォロワー数が少ない場合は、そのアカウントの評価が低くなりがちです。例えば、1000人をフォローしているのに対して、フォロワーが100人などと少ないアカウントは、「ユーザーに質の高いコンテンツを提供できていない」と考えられるからです。場合によってはInstagramからスパムアカウントと見なされることもあります。

したがって、「フォロワー数＝フォロー数」や「フォロワー数＞フォロー数」となるような状態にすることが大切です。それによってInstagramから評価され、投稿を優先的に広めてもらえるようになります。

②でも初めは「フォロワー数＜フォロー数」でいい

とはいえ初期の段階では、自分から先にフォローしなければ始まらないので、「フォロワー数＜フォロー数」となることが当たり前です。最初のうちはこのバランスを気にする必要はありません。

むしろ「フォロワー数＜フォロー数」となることをおそれて、フォロー行為を積極的にしないことのほうが問題です。フォローを行って自分のアカウントの存在を多くの人に知ってもらわなければ、次につながらないからです。

174

したがって運用を開始してから最初の1〜2カ月は、自分から積極的にフォローしてください。目安としては約500人のフォローを行うことが望ましいでしょう。フォローした相手のなかには、フォローバックをしてくれるアカウントが一定数あるはずです。その結果、フォロワー数が100〜200人程度になることが期待され、アカウントの基盤を築くことになります。

③フォローしてくれた人には必ずDMを

DMをすることで、これからの投稿に反応してもらえる可能性が高くなります。また、DMのやりとりはエンゲージメントを高

フォロワーとのDMの例

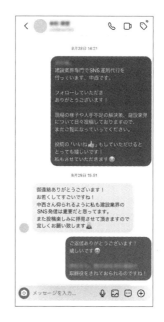

Chapter 5 DMでのコミュニケーションで信頼関係を構築！
建設業のためのSNS活用／Instagram編

め、投稿のリーチを広げてくれる効果もあります。

したがって運用初期は毎日フォロー＆フォローバックしてくれた人にDMを徹底して行うようにしましょう。DM例は前ページ写真になります。ぜひ参考にしてください。

④「フォロワー数＞フォロー数」を実現するには

最初のうちは積極的にフォローするのが鉄則、とはいえ、いつまでもフォロワー数よりもフォロー数が多い状態では、見栄えが悪いといえます。例えば、「フォロー数2000、フォロワー数300」といった状態はアンバランスです。

この問題を避けるためには、フォロワー数がある程度増えて安定してきた段階で、徐々にフォローを解除していきます。これにより「フォロワー数＝フォロー数」になり、さらには「フォロワー数＞フォロー数」の理想的なバランスを実現できるようになります。

▶フォロー解除時の「注意点」

SNS運用においてフォロー解除は注意深く行う必要があります。ここでは、フォロー解除の際に守るべき重要なポイントを挙げます。

①一気に多数のフォローを解除しない

一度に多くのフォローを解除すると、アカウントの影響力が大きく低下し、良質なコンテンツを提供していてもエンゲージメントが伸び悩むことがあります。こうなるとアカウントの回復も困

難になるため、この点は特に注意が必要です。

②フォロー解除の間隔を空ける

　フォロー解除は少しずつ行いましょう。2～3件解除したら、次の解除は少なくとも30分から1時間は間を空けるようにしてください。また、1日の解除数も最大20くらいがいいでしょう。一気に多くの解除を行うと、アカウントがスパムと判定され、アクションブロックを受けるリスクがあるためです。

③フォロー解除対象の選定基準

　フォロー解除を行う対象は慎重に選びましょう。主に以下のような基準で選定することをおすすめします。

- ●相互フォローしてくれないユーザー
- ●定期的に投稿への反応がないユーザー
- ●活動が停滞している（直近1～2カ月以上、何も投稿していないなど）ユーザー
- ●建設業と関連性の薄いユーザー
- ●採用ターゲット外のユーザー

　これらのポイントを守りながら徐々にフォロー数を減らしていくことで、質の高いフォロワーを維持しやすくなります。それは結果的にフォロワー数の質的な成長につながります。私自身もこれらの方法を実践し、フォロワー数を効果的に増やせました。

Chapter 5 DMでのコミュニケーションで信頼関係を構築！
建設業のためのSNS活用／Instagram編

▶自社アカウントのデータを日々チェック

YouTubeやLINE公式アカウントと同様にInstagramでも、データの分析と改善が重要です。Instagramの場合は、アプリを開き、アカウント設定のページで次のように操作してインサイトデータを表示します。

Instagramのインサイト画面

❶右上の３本線メニュー「≡」をタップ
❷「インサイト」をタップ
❸「リーチしたアカウント数」をタップ
❹「リーチしたオーディエンス」を確認

自社アカウントのインサイトデータを確認し、どの都市、年齢層、性別にリーチしているかを把握しましょう。このデータと、自社のペルソナが一致していることが重要です。一致していなければ投稿の内容などを調整する必要があります。

▶Instagramで避けるべき「マイナス行為9選」

　以下はInstagramの運用において避けるべき行為です。これまで説明した内容と重複している点もありますが、改めてここに挙げました。以下のようなマイナス行為をするとアカウントの評価が下がってしまいます。このような行為をやらないよう注意しましょう。

- ●フォローを一気に解除する
- ●大量のアカウントを一度にフォローする
- ●投稿間隔を長く空ける
- ●別媒体への誘導を繰り返す
- ●ストーリーズを更新しない
- ●ブロックを連発する　　　　●投稿を削除する
- ●投稿を何度も上げ直す　　　●同じ投稿を繰り返す

ユーザーエンゲージメントを高める ストーリーズの活用

▶ストーリーズとは？

　InstagramはYouTubeやTikTokなどとは異なり、ユーザーとのコミュニケーション（いいね、コメント、DM）が重視されるSNSです。そのコミュニケーションの量に応じて、投稿が拡散

Chapter 5　DMでのコミュニケーションで信頼関係を構築！
建設業のためのSNS活用／Instagram編

されるかどうかが決まります。単に一方通行の投稿を行っているだけでは、アカウントが育ちません。ユーザーと積極的に交流することが大切です。

とはいえ、毎日投稿するのはなかなか難しいのが現実です。そこで有効なのが「ストーリーズ」機能です。これをうまく活用することで、投稿回数を増やすことが可能となり、さらにはフォロワーとのコミュニケーションを活発化できます。

ストーリーズは、最大60秒のショート動画や写真を投稿できる機能で、投稿は24時間後に自動的に削除されます。ユーザー

ストーリーズの例

は、Instagramのホーム画面上部に表示される丸いアイコンを
タップしてストーリーズを視聴します。投稿が一時的であるた
め、日常の些細な出来事を気軽に共有できるのが大きなメリット
です。

▶ストーリーズを「毎日投稿」することが
　エンゲージメントを高める

　ストーリーズは毎日投稿してください。それにより、次のよう
な効果が期待できます。

- ●投稿が拡散しやすい。　　●フォロワーとの親密度が上がる。
- ●通常の投稿より反応をもらいやすい。
- ●エンゲージメントの低下を防げる（定期的に投稿しないと、
　フォロワーの関心が薄れ、反応率が下がる可能性がある）。

　ストーリーズは毎日投稿することでエンゲージメントが高まり
ます。反対にいえば、毎日投稿しないとエンゲージメントが下
がっていくということ。これは私のアカウントでの実験でも立証
されています。

▶フォロワーとのコミュニケーションを促進する６機能

　ストーリーズには、フォロワーとのコミュニケーションのきっ
かけをつくるために欠かせない機能がいくつかあります。以下の

Chapter 5 DMでのコミュニケーションで信頼関係を構築！
建設業のためのSNS活用／Instagram編

機能を活用して、コミュニケーションを深めてください。

① リアクションスタンプ

フォロワーが簡単にリアクションを送れる機能。スタンプが押されると、ストーリーズ閲覧者の「スタンプリアクション」の欄にスタンプを押してくれた人の名前が載ります。反応してもらったら一言でもいいので返信してDMへとつなげましょう。

② アンケート機能

フォロワーに選択肢を提供し、簡単に意見を送れる機能。選択肢のなかから選ぶだけなので、フォロワーは気軽に反応できます。

③ クイズ機能

クイズを出すことで、楽しみながら反応を得ることが可能です。

④ URL機能

イベントの告知、LINE公式アカウントの告知に必要なリンクを貼れる機能です。

⑤ カウントダウン機能

説明会やイベントなどの際、開始までの時間を示し、期待感を高めます。

⑥ 質問機能

フォロワーから具体的な質問を募集する機能。フォロワーに

①リアクションスタンプ　②アンケート機能　③クイズ機能

④URL機能　⑤カウントダウン機能　⑥質問機能

Chapter 5 DMでのコミュニケーションで信頼関係を構築！
建設業のためのSNS活用／Instagram編

とって質問することはハードルが高い行為です。それでも質問を
くれるフォロワーは「自社のファン」と考えられます。運用に慣
れてフォロワーが増えてきたら質問機能を試して、自社のファン
との結びつきをより高めてください。

▶ストーリーズ投稿例

Instagramストーリーズはただのコンテンツ共有ツールではな
く、フォロワーとの強固な関係を築くための有効な手段です。毎
日少しずつ投稿を行うことで、フォロワーとの信頼関係を深めら
れるでしょう。とはいえ、「何を投稿すればいいの？」と思うか
もしれません。そこでストーリーズ向けの企画例を挙げたので参
考にしてください。

- 会社紹介
- 会社の強み
- 会社の実績
- メディア実績
- 社員紹介
- 社長紹介
- 採用情報
- 現場実績
- 沿革
- アクセス
- イベントや新サービスなどのお知らせ
- 自社サイトや採用サイトへの誘導
- 出社している様子
- 朝礼の様子
- 現場の様子
- 事務員のランチの様子
- 会議の様子
- 社長室での社長の様子
- 現場のランチの様子

- 社員と社員がコミュニケーションを取っている様子
- 「今日の〇〇時に投稿します」と予告する
- 「投稿しました」とフォロワーさんに知らせる
- 撮影の裏側を見せる

▶ストーリーズをたくさん投稿してDMへとつなげよ

　このようにストーリーズを積極的に投稿することで、アンケートや質問形式の場合だとDMへとつなげることができます。また、反応をしてくれただけでもメッセージを送ってそこからやりとりへとつなげることができます。やりとりが多ければ多いほど、その相手にはいつも自分の投稿が表示されるようになります。また、DMでこのように何往復もやりとりを行っていると、「親切な人だな」と思ってもらえ、採用や商品販売などへとつながりやすくなります。

　よって、ストーリーズはエンゲージメントアップのためにも、フォロワーと親密度を深めるためにも、毎日必ず行うべきことの一つです。ぜひ頭に入れておいてください。

Chapter 5 DMでのコミュニケーションで信頼関係を構築！
建設業のためのSNS活用／Instagram編

ストーリーズからのDMの例

Chapter 6

バズる動画でさらに認知度アップを狙う！

建設業のためのSNS活用／TikTok編

Chapter 6 バズる動画でさらに認知度アップを狙う！
建設業のためのSNS活用／TikTok編

TikTokのポテンシャルは絶大

▶TikTokの機能

　中国のバイトダンスが開発・運営しているSNSがTikTokです。短い動画（最長10分）を共有することに特化しており、音楽、ダンス、コメディ、教育などさまざまなジャンルのコンテンツが投稿されています。TikTokユーザーは、アルゴリズムによるおすすめ機能により、自分の興味に合ったコンテンツを簡単に発見できます。近年ではビジネスでの活用も広がっており、製品やサービスのプロモーションに効果的なプラットフォームとしても注目されています。

▶TikTokの「5つの特徴」

　TikTokの特徴は以下のとおりです。

①名前を知ってもらうには最適なSNS

　TikTokは、InstagramやYouTubeと比較して、初動の速さが際立ちます。初投稿からでも1000人以上の視聴者にリーチすることが可能で、フォロワーが急速に増加することもあります。仕事を求めている人、転職を検討している人などのターゲットに迅速にアプローチするために最適なプラットフォームといえます。

②アカウント開設直後でも幅広いリーチが可能

Instagramではまずフォロワーを増やさなければ、投稿した動画を多くの人に見てもらうことはできません。一方TikTokでは、フォロワー0の状態でも、投稿した動画は200〜300人に自動的に拡散されます。そしてその後の視聴者の反応に応じてさらに拡散が進み、数千人、数万人に達することも珍しくありません。

③動画の爆発的な拡散力

TikTokは、ほかのSNSと比較しても、動画が拡散する可能性が非常に高いです。素人が作成した動画でも簡単に大規模な視聴回数を記録することが可能です。よって質の高いコンテンツづくりを心がけ、ターゲットと目的を明確にすることが重要です。

④フォロワー数1000にならないとウェブサイトへのリンクを貼れない

TikTokでは、フォロワーが1000人未満の場合、自分のプロフィールにURLを貼れません。そのため、フォロワー数が増えるまでは、求人ページなどへの直接的な誘導は難しいといえます。1000人を超えるまでは、投稿内容に「気になった方はDM（ダイレクトメール）を」「応募はDMから」といった文言を追加しましょう。

なおフォロワー数が1000人を超えるとURLの掲載が可能となり、より直接的なアクションへ誘導しやすくなります。それまではターゲットに刺さる動画を投稿し続けることが大切です。ただ、ビジネスアカウントでTikTokを立ち上げた場合は、1000

Chapter 6　バズる動画でさらに認知度アップを狙う！
　　　　　　建設業のためのSNS活用／TikTok編

フォロワーいなくてもURLの掲載が可能です。

⑤最初の１秒が肝心

　TikTokを利用しているユーザーは、次から次へと投稿をスクロールしながら面白そうな動画を探します。興味をそそる内容か魅力的なビジュアルでなければ、すぐにスクロールして次の動画に移ります。

　自社の動画を目に留めてもらうためには、最初の１秒で視聴者の注意を引きつけることが極めて重要です。

▶ユーザーがフォローするまでの流れ

　TikTokにおいてフォロワーを増やすには、まず、ユーザーがどのようなプロセスでTikTokのアカウントをフォローするかを知っておく必要があります。

❶ユーザーがTikTokアプリを起動すると、最初に「レコメンド」（おすすめ）画面が表示される。

❷ユーザーが動画に遭遇する。

❸動画を見て気になったら名前やタイトル、説明文を確認し、さらにプロフィールを確認する。

❹「役立ちそう」「今後も見ていきたい」と思ったらフォローをする。

　このように、フォローされるまでのプロセスはYouTubeやInstagramと比べてシンプルといえます。

アイコン、ユーザー名などは Instagram と共通に

▶まずはアカウントを開設。各項目はほかのSNSと共通に

　TikTokの設定について解説します。これらのポイントを押さえることで、アカウントの魅力を最大限に引き出し、フォロワーを増やすことが可能になります。まずはアカウントを開設する必要がありますが、難しくはありません。TikTokアプリをダウンロードして起動し、画面の指示に従って必要事項を入力してアカウントを開設してください。

　その際、プロフィール上部に表示される「名前」を設定する必要があります。英数字だけでなく漢字・ひらがな・カタカナ・絵文字・記号などを30文字以内で使用できます。これはYouTubeや Instagramと共通でいいでしょう。

　アカウント開設後は、プロフィールを設定しましょう。ユーザー名、プロフィール写真などもYouTubeやInstagramと共通でOKです。自己紹介の文字数制限は80文字以内とかなり短いです。Instagramで設定したプロフィールをさらに短くまとめてください。

TikTokのプロフィール設定

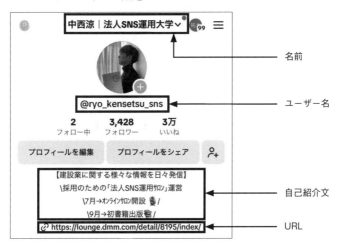

- 名前
- ユーザー名
- 自己紹介文
- URL

▶フォロワー1000人を超えたら「ウェブサイト」を設定する

プロフィールには、Instagramアカウント、YouTubeチャンネル、X（旧Twitter）アカウントへのリンクを貼れますが、いずれも設定する必要はありません。ユーザーがリンクから各SNSにアクセスしても、「同じ投稿をしているだけか」と思われてしまうからです。

なお、プロフィールには「ウェブサイト」へのリンクも設定できます。ただし、フォロワーが1000人を超えなければこの項目が表示されません。フォロワー1000人を超えたら必ずリンクを設定してください。

その際、おすすめはLINE公式アカウントの「友だち追加」へのリンクです。会社のホームページへのリンク、採用ページへのリンクではありません。動画を見て、いきなりホームページに誘導されても、急すぎて応募につながりません。

一方LINE公式アカウントの友だちに追加してもらい、ユーザーと何度かメッセージをやりとりするステップを経たほうが、信頼関係が構築されることになり、応募につながりやすいといえます。フォロワーが1000人に到達する前や、LINE公式アカウントを設けていない場合は、ダイレクトメッセージを使ってユーザーとコミュニケーションを取ってください。

ウェブサイト、SNSの設定欄

ウェブサイト	https://lin.ee/wlb8tni >
非営利団体	非営利団体をプロフィールに追加 >
SNS	
Lemon8	Lemon8を追加 >
Instagram	Instagramを追加 >
YouTube	YouTubeを追加 >
Twitter	Twitterを追加 >

Chapter 6 バズる動画でさらに認知度アップを狙う！
建設業のためのSNS活用／TikTok編

```
╭──────────────────────────────────╮
│  ⊙                            ⊙  │
│                                  │
│      動画を一気に拡散するための        │
│         TikTok運用方法             │
│                                  │
│  ⊙                            ⊙  │
╰──────────────────────────────────╯
```

▶**投稿内容と投稿のステップ**

TikTokでの投稿は、CapCutで編集してYouTubeにアップした動画をそのまま流用してください。TikTok用に別の投稿を新たにつくる必要はありません。TikTokアプリでの投稿の手順は以下のとおりです。

❶真ん中の「＋」ボタンをタップ

❷投稿する動画をアップロード

❸「楽曲を選ぶ」で音楽を選択

❹音量調整やカット調整を行い「次へ」をタップ

❺「説明を追加…」の欄に投稿の詳細を記載

❻詳細は、Instagramにアップする説明欄の１文目のタイトルと一緒でOK

❼カバー（サムネイル）、ハッシュタグなども設定して、「投稿」

▶**投稿頻度と投稿時間について**

投稿頻度は、YouTube、Instagramへの投稿頻度と同じです。週３回を目標にしてください。動画を一つ作成したら、YouTube、Instagram、TikTokでも投稿するという作業手順を決めておけ

194

ば問題ないでしょう。

　投稿時間は、一般的に19時〜21時がTikTokのゴールデンタイムといわれていますが、最適な時間帯は各アカウントの視聴者層によって変わります。YouTubeやInstagramと同様に、自分のアカウントの視聴者が最もよく見ている時間帯を分析して、その時間に投稿するのが効果的です。分析方法は次のとおりです。

【 投稿時間の確認方法 】

❶ TikTokアプリで自分のプロフィールを開いて、右上の「≡」をタップ
❷「クリエイターツール」をタップすると「インサイト」が表示される
❸「すべてを見る」をタップ
❹「フォロワー数」をタップ。いちばん下に「もっともアクティブな時間帯」が表示される

TikTokのインサイト機能

　何本か投稿したらインサイトを定期的に確認し、自社アカウントのゴールデンタイムを把握して、その時間に投稿するようにしましょう。ただし、夜はほかの多くのアカウントが投稿する時間帯なので、競合が多いと考えられま

Chapter 6　バズる動画でさらに認知度アップを狙う！
　　　　　　建設業のためのSNS活用／TikTok編

す。そこで、あえて差別化のために朝7時30分〜9時の間に投稿するのも一案です。朝の時間帯や電車通勤中などにスマホを触る人は多くいるので、悪くない戦略といえます。

▶投稿説明文に記載すべき必要な項目

- ●サブタイトル
- ●アカウント情報
- ●投稿の簡単な解説
- ●プロフィール誘導

　このうち1、2個を選んで入力してください。ユーザーが動画を見たときには、説明欄の2行目までが表示されています。そして、「もっと見る」をタップすると続きが見られます（197ページ参照）。

　ただしTikTokの場合、背景画像やテロップとかぶって説明文が表示され、文字が見にくくなってしまいます。よって、説明文はあまりごちゃごちゃとは書かず簡潔にしたほうがよいでしょう。

▶ハッシュタグのベストな個数

　ハッシュタグは、2〜5個を設定してください。2024年3月現在、TikTokにおいてハッシュタグの重要性はそこまで高くはありません。TikTokユーザーは、検索することがあまりないからです。したがってハッシュタグは動画のターゲットや内容とかけ離れたものでなければどんなものでもOKです。ハッシュタグ

TikTokの説明文の見え方

を多く付けすぎると、アルゴリズムによるジャンル選定が難しくなるので、5個以内にしてください。

　なお、ユーザーが検索しそうなワードをハッシュタグに入れるのが効果的です。例えば「#建設業おすすめの会社」「#建設業給料の良い会社」「#建設業ホワイト企業」「#建設業で働きたい」など。自身の願望や心の声をそのまま文字にして検索する人も少なからずいるからです。

　またハッシュタグは、一つずつ改行するのではなく横に並べましょう。一つずつ改行すると説明欄が縦に長くなってしまい、動

画にかぶって見えにくくなるからです。

▶カバー（サムネイル）の設定も忘れずに

　TikTokでもYouTubeやInstagramと同様に、投稿には必ずサムネイル（TikTokではカバーと呼ぶ）を設定してください。方法は、投稿内容を編集する画面で「カバーを選ぶ」をタップし、動画のなかからサムネイルに設定したい一場面を選択するだけです。

　自分でサムネイルを設定しないと、動画の中盤あたりで自動的に切り抜かれた場面がサムネイルになってしまいます。

▶TikTokでのフォローはどうする

　Instagramでは、運用開始当初は積極的にフォローを行うことを推奨しました。フォローしなければリーチされず、自分の投稿を見てもらう機会が増えないからです。

　一方TikTokでは、仕組み上、たとえフォロワーが0人でも投稿した動画は最低200回程度再生されます。よって、無理にほかのユーザーをフォローしなくても、一定数の人には見てもらえる可能性があるということです。なお、建設関連の知り合いや信頼できる人からのフォローには、フォローバックしてあげるといいでしょう。フォロワー数の伸びについても、あまり気にする必要はありません。TikTokでは良い動画を投稿し続ければフォロワー数は自然と伸びていくからです。その意味でTikTokは Instagramよりも運用しやすいSNSといえます。

Chapter 7

すぐにできる！
早くやる！
SNS活用が企業成長
のカギを握る

Chapter 7 すぐにできる！早くやる！
SNS活用が企業成長のカギを握る

2025年以降は建設業の
SNS活用の全盛期がくる！

▶これから建設業もSNSが全盛になる

　本書ではYouTube、LINE公式アカウント、Instagram、そしてTikTokと、各SNSの設定や運用方法を解説してきました。ボリュームはありましたが、やることはシンプルだったと思います。おさらいすると、

❶動画の企画を考える。
❷スマホで撮影して、アプリで編集する。
❸YouTubeに動画を投稿する。
❹同じ動画をInstagramやTikTokにも投稿する。
❺LINE公式アカウントでコミュニケーションを取る。

　これだけです。撮影・編集・投稿のすべてが、ほぼスマホで完結します。あとはコツコツと投稿・運用を続けることで成果が上がっていくはずです。
　深刻化する建設業界の人手不足。その解決策がSNSにあること、そしてSNS運用がそれほど難しくはないことが、本書を読んでお分かりになったのではないでしょうか。
「今とりあえずInstagramやTikTokを行っている」
「アカウントだけ持っている」

「SNSをやるべきか悩んでいた」

そんな会社は、迷わずSNSを始め、そして着実に運用していきましょう。

現在、SNSは全盛期を迎えており、YouTube、Instagram、TikTokを中心にユーザー数は年々増加しています。この傾向は今後も続くと予想されます。

建設業ではほとんどの会社がSNS運用を行っていませんが、その有効性にいち早く気づいた会社はすでに始めており、大きな成果を出しています。それでも「採用に特化したSNS」を運用している会社などは、ほぼ見当たりません。だからこそ、今すぐに始めるべきなのです。迷っている暇はありません。

▶先んじた行動がアドバンテージを築く

本書をきっかけに、建設業の採用にSNSが有効であることが広く知られることになるかもしれません。その結果、2024年後半、そして2025年以降は建設業界のSNSが全盛期を迎えるのではないかと推測しています。だからこそ本書を読んだら、すぐにSNSを始め、他社との差別化を図りましょう。

他社がSNSに取り組み始める前に、先行してアカウントを伸ばしておくことで、大きなアドバンテージを得られます。先行者となってアカウントを育てておくだけでもかなりの差別化となり、あらゆる面で選ばれやすくなります。

Chapter 7 すぐにできる！早くやる！
SNS活用が企業成長のカギを握る

「他社がやっていないからうちも別にいい」「今は採用にそこまで困っていないから」という会社もあるかもしれませんが、今後はどうなるか分かりません。常に先を見据え、先手を打つことが経営における重要点です。

　建設業界の未来を左右するのは、SNSへの取り組み方にあるといっても過言ではありません。2025年以降、建設業界のSNSは全盛期を迎えます。そのときに備え、今から戦略的にSNSを活用していくことが、これからの時代を生き抜くためのカギとなるでしょう。

　そして、SNS運用を始めるのなら片手間ではなく、本気で取り組むべきときです。先見の明を持ち、行動を起こしましょう。建設業界の明るい未来は、SNSを通じて切り拓かれていくのです。

SNSは手段であって目的ではない

▶自社の強み・価値観に基づいたコンテンツの発信を

　ここで改めて確認したいのは、企業にとってSNSとは手段であり、目的ではないということです。多くの企業がSNSに注目し、積極的に活用し始めていますが、その本質的な役割を見失ってはいけません。

　SNSを活用する真の目的は、単にフォロワー数を増やすことや、いいね数を稼ぐことではないのです。ましてやYouTubeで

202

広告収入を狙うことでもありません。自社の価値観や文化を伝え、共感を得て、人材獲得につなげることがSNSの最終目的だということを忘れないようにしてください。

　SNSの世界では、常に新しい流行やトレンドが生まれています。しかし、流行に惑わされ、自社も流行を追うことに一生懸命になってしまい、自社の強みや価値観を見失っては本末転倒です。SNSを活用するうえでは、自社の強みや価値観に基づいたコンテンツを発信することが重要です。
　建設業界には、職人さんの技術力やものづくりへのこだわり、体を動かす仕事の喜び、安全への取り組みなど、他業界にはない魅力があります。これらの強みを活かしたコンテンツをSNSで発信することで、求職者や潜在的な候補者に対して自社の魅力を効果的にアピールしていきましょう。

　また、SNSの指標（フォロワー数、いいね数、再生数など）にとらわれすぎないことも大切です。これらは重要な指標ではありますが、あくまでも参考程度にとらえるべきでしょう。自社の価値観や目的に合致したコンテンツを発信し、真に自社に合った人材を引きつけることが重要なのです。

▶SNSは入り口。その後のコミュニケーションがより重要

　SNSは採用活動の入り口として非常に有効なツールですが、それだけで完結するものではありません。SNSを通じて獲得した

Chapter 7 すぐにできる！早くやる！
SNS活用が企業成長のカギを握る

候補者とのコミュニケーションを大切にし、信頼関係を築いていくことが重要です。

　具体的には、SNSでの発信に対して反応を示してくれたユーザーとのエンゲージメントを高めることが求められます。「いいね」をくれたりフォローしてくれたりしたユーザーには、お礼のコメントを返し、フォローバックをすることで、双方向のコミュニケーションを図りましょう。また、質問や問い合わせにはなるべく早く丁寧に返信し、候補者との信頼関係を構築していきましょう。

　それはリアルの場での顧客や関係者とのコミュニケーションでも同じこと。「おもてなし」の心が大切なのです。

　さらに、SNSでの交流を深めた候補者に対して、会社説明会への参加を呼びかけたり、個別の面談を設定したりすることで、より詳細な情報提供や直接的なコミュニケーションの機会を創出してください。加えて、SNSを通じて得た候補者の情報を活用し、個人の関心事や強みに合わせたアプローチを行うことで、採用の成功率を高めることも可能です。SNSを起点とした採用活動をほかの施策と連携させながら展開していくことが、効果的な人材獲得につながるのです。

▶SNSは採用だけでなく集客にも効果を発揮する

　なお、SNSは採用だけでなく、集客やブランディングにも効果を発揮します。例えば建設業界では、施工事例や技術力をアピー

ルすることで、潜在的な顧客の関心を引きつけ問い合わせや契約につなげることも可能です。

　SNSの運用目的に集客を含める場合も、投稿内容は採用目的の場合と大きく変わりません。自社の価値観や文化と合致した投稿をすればいいのです。求職者や顧客に対して、自社の魅力を正しく伝えることで、自社に合った人材の獲得だけでなく、ブランドイメージの向上につなげられます。

　SNSは、採用や集客、ブランディングなど、さまざまな面で効果を発揮する強力なツールです。企業経営の一端を担う、重要な武器といえるでしょう。長期的な視点を持ち、自社の価値観や文化とのマッチングを重視しながら、SNSを活用してください。

こんなときどうする？
困ったときの対処法

▶チャンネル登録者・フォロワーが増えない！

　最後に、SNS運用においてよくある悩みや困り事について説明します。よくある悩みのトップは、SNSのチャンネル登録者やフォロワーが増えないことです。その原因としては以下の3つが挙げられます。

Chapter 7　すぐにできる！早くやる！
　　　　　　SNS活用が企業成長のカギを握る

❶投稿内容の方向性が目的やターゲットにマッチしていない
❷プロフィールの設定が不十分または不適切である
❸ユーザーとのコミュニケーションを積極的に行っていない

　これらの問題を解決するためには、まず自社のSNS運用の目的とターゲット（ペルソナ）を再確認し、投稿内容がそれらに合致しているかを見直してください。客観的な評価が難しい場合は、他部署の人や家族など第三者の意見を参考にすることをおすすめします。
　次に、プロフィールが適切に設定されているか確認しましょう。具体的には以下の項目をチェックしてください。

●プロフィール写真
●名前とユーザー名
●プロフィール文
●全体的な見た目

　特にInstagramでは、いいね、コメント、フォローなど、ほかのユーザーへのアクションを積極的に行うことが、フォロワー獲得には重要です。ただし、過度なアクションは逆効果になる可能性があるので注意が必要です。
　以上の3点を確認・改善すれば、チャンネル登録者やフォロワー数は必ず増加していくはずです。

▶再生数が伸びない！

　動画の再生数が伸びない原因は、サムネイルやタイトル、動画の構成、投稿企画など問題はさまざまです。魅力的でないサムネイルやタイトルは、ユーザーの興味を引きつけられません。また、たとえ視聴されたとしても開始直後の内容がつまらなかったり、だらだらしていたりすると、早々に離脱されてしまいます。そもそもの企画が興味を引くような内容でなければ視聴もしてもらえません。

　再生数を伸ばすためには、まず投稿企画を見直してみてください。そして、次にサムネイルとタイトルを客観的に評価してください。採用を目的とした動画であれば、「ターゲット（20〜30代男性など）がこれを見てどう思うか」という視点で見直すことが重要です。社内にターゲットと合致する社員がいれば、その人に見てもらい意見を聞くのもいいでしょう。また、インサイトを見て、離脱率が高い場合は、動画の構成を大きく変える必要もあります。以上のことを行ってみてください。

▶メッセージ・コメントが集まらない！

　視聴者からのメッセージやコメントが集まらない原因は、投稿内容が一方的で視聴者の参加を促していないことにあります。例えば、「絶対にこうすべきだ！」といった独善的な内容では、視聴者はコメントしづらいでしょう。一方、自分の意見を述べたうえで「皆さんはどう思いますか？　コメントで教えてください」

Chapter 7 すぐにできる！早くやる！
SNS活用が企業成長のカギを握る

と問いかける内容なら、視聴者はコメントしやすくなります。

また、サムネイルとタイトルの工夫によって、視聴者のコメントを誘導することも可能です。例えば私の場合、「20年後の大工の人数知ってますか？」というタイトルの動画をつくり、最後に「工事する人がいないんです。どうしたらいいと思いますか？コメントで教えてください」と視聴者に投げかけました。その結果、多くのコメントを集めることに成功しています。ぜひ実際の動画を確認してみてください。

「問いかけ」で多くのコメントを獲得した動画の例

▶ SNS運用の効果がなかなか出ない

よく「SNSを始めたけれど効果が出ない」と嘆く人がいます。ではどれくらい継続しているか聞くと、「2、3カ月」と答えが返ってきて驚いてしまいます。残念ながらSNSでは、2、3カ月くらいで成果が出たら苦労しません。SNSでフォロワー数・再生数が増えるには一定の時間がかかり、さらにユーザーの信頼を獲得するまでにもある程度の時間を要するのです。

例えば、私が個人的に運用しているYouTubeの高校野球チャンネルでは、開始から3カ月間はチャンネル登録者数200人程度で、動画再生数も低迷していました。しかし、5カ月目あたりに急激に動画の再生数が伸び、チャンネル登録者数も5000人を突破しました。

また、2021年9月に開始した自社商品作成コンサルティングサービスのSNSは、開始から9カ月はほぼ成果なし（契約2件のみ）という厳しい状況でしたが、改善に改善を重ねた結果、10カ月目に爆発的に成果が出て、売上が月300万円を超えました。

このように、いずれのSNSも開始からしばらくは低迷しています。それでも粘り強く試行錯誤を重ねた結果、ある時点から急激に成果が出始めたのです。もし2、3カ月で諦めていたら、なんの成果も得られないまま終了することになります。

したがって、「運用を開始して2、3カ月」で諦めてしまうのはもったいないことです。半年を超えてからようやく成果が表れると考え、地道に諦めずにやり抜きましょう。

Chapter 7　すぐにできる！早くやる！
　　　　　　SNS活用が企業成長のカギを握る

▶長期休暇時のSNS運用はどうする？

　ゴールデンウィークや年末年始などの長期休暇期間中のSNS
運用はどうすればいいでしょうか。休暇前に投稿する動画を事前
に撮影し、普段と同じペースで週に3本の動画を投稿すること
をおすすめします。

　週に3本の投稿が難しい場合は、週に2本でも問題ありませ
ん。ただし、休暇期間中に何も投稿せず、5～10日間もSNSを
放置することは避けてください。

　具体的な手順としては、ゴールデンウィークであれば4月中
に、年末年始であれば12月中に、通常の投稿本数に加えて2本～
3本の動画を余分に撮影しておきます。そして、休暇期間中も通
常どおりのペースで動画を投稿していきます。事前の準備と計画
的な投稿を行うことで、長期休暇中もSNSでの存在感を保ちな
がら、ユーザーとのつながりを維持できます。

　また、Instagramのストーリーズもエンゲージメントを落とさ
ないために継続して毎日投稿するようにしましょう。載せられそ
うな休暇の様子でもいいですし、細かな会社情報などでも OK
です。

▶土日のSNS運用はどうする？

　本書では、「月・水・金」「火・木・土」など1日おきに投稿す
ることを推奨しています。土日に投稿する場合は、平日に撮影を
終わらせて土日に投稿すれば問題ありません。では、通常投稿の

210

スケジュールが土日と重ならない場合は、どう考えればいいでしょうか。

土日は通常の投稿を行う代わりに、Instagramのストーリーズを少なくとも１本は投稿してください。Instagramの章や前項目でもお伝えしたように、Instagramではストーリーズを更新しないとエンゲージメント（いいね率・コメント率）が下がる可能性があるからです。また、就職・転職を考えている人は土日に休んでいることが多く、その空いた土日に情報収集することが多いといえます。見てもらえる確率が高い土日を有効活用するようにしましょう。

▶「顔出し」は気が進まない……

動画での顔出しは気が進まないという気持ちは分かります。しかし、採用を目的としている場合であれば、必ず顔出しをするようにしてください。

SNSのプロフィールに「20代大募集！」「応募はこちらから」といった文言が書かれているにもかかわらず、投稿内容を見ると誰一人として顔出しをしておらず、現場の写真や工具の写真のみが掲載されているケースがよくあります。このような方法では採用につながる可能性は非常に低いといえます。

現代では、給与だけではなく、社長や社員の人柄、職場の働きやすさなどを総合的に判断して入社を決める人が増えています。そのため、会社の雰囲気や人柄を伝えるためにも、動画での顔出しは重要な要素となります。

211

Chapter 7 すぐにできる！早くやる！
SNS活用が企業成長のカギを握る

　次のグラフを見ていただきたいのですが、「就職活動時に知りたい情報」や「企業選びの軸」を調査したデータによると、だいたい上位に、人柄や社内の雰囲気など「人の部分を知りたい、人の部分で判断する」といった結果が出ています。

　顔出しをすることで、視聴者は会社の雰囲気をより具体的にイメージしやすくなり、入社への関心を高められます。また、顔出しによって社長や社員の人柄が伝わることで、視聴者との信頼関係を築くことにもつながります。

　今は給与だけではなく、社長・社員の人柄、職場の働きやすさを見て、入社を決める人が多くなってきているので、人柄を出すためにも顔出しはするようにしましょう。

就職活動時に知りたい情報（複数回答）

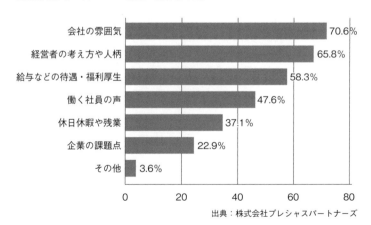

出典：株式会社プレシャスパートナーズ

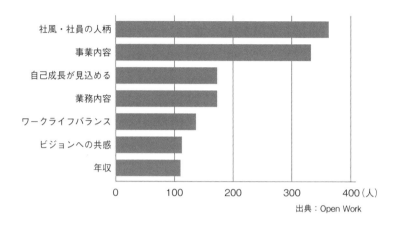

23卒・入社先決定時の企業選びの軸

出典：Open Work

▶現場を撮影する際の注意点は？

　特に下請け業務を主に行っている会社は、建物やビルなどの現場の撮影をする際には注意が必要です。現場を無断で撮影し、その様子をSNSに投稿することは避けてください。必ず事前に許可を得るようにしましょう。他社の作業員が映り込んでいる場合、あとから指摘を受ける可能性が高いです。

　採用活動の一環として撮影したいと申し出ても、断られる可能性もあります。そのような場合、以下の点に注意することを伝えれば許可されることがあります。

- 他社の人の顔が映り込まないようにする
- 現場名を明かさない（具体的な物件名を避けるなど）

Chapter 7 すぐにできる！ 早くやる！
SNS活用が企業成長のカギを握る

●現場全体が映り込まないようにする

いずれにしても、まずは投稿の許可が下りるように丁寧にお願いすることが大切です。許可なく投稿することで、信頼関係を損なうリスクがあることを認識しておきましょう。

▶ひどいコメントが来た

SNS運用を行っていると、ネガティブなコメントを書かれることがあります。その際は感情的にならず、冷静に状況を把握することが重要です。批判的なコメントに対しては、誠実な態度で丁寧に返信することを心がけましょう。企業側の見解を明確に伝えつつ、建設的な対話を促すような内容にします。

誹謗中傷やプライバシーの侵害など、明らかに不適切なコメントがあった場合は、書いたユーザーのブロックおよびコメント削除、運営会社への報告を検討します。ただし、安易なコメント削除は炎上を招くおそれもあるため、慎重に判断しましょう。

おわりに

▶SNS運用初期は結果が出ないのが当然

　建設業のSNS活用について説明してきましたが、いかがでしたでしょうか。

「意外と簡単そう」と思った人もいれば、「ここまでやらなければいけないのか……」とめげそうになった人もいるかもしれません。

　いずれにしても、挑戦しないことには何も変わりませんから、ぜひ本書を参考にSNSをスタートさせてください。そして、スタートさせたらすぐに結果を求めるのではなく、とにかく地道に継続することです。

　私はこれまで300人以上の個別相談、約70人の個別指導を行ってきましたが、その経験から多くの方に共通している傾向があると考えています。それは「早期に結果を求めすぎること」です。SNSを開始して数週間から1、2カ月程度で、

- ●再生数が伸びない。
- ●「いいね」やコメントをもらえない。
- ●フォロワーやチャンネル登録者数が増えない。
- ●フォローしても返してもらえない。
- ●問い合わせ数が増えない。
- ●採用につながっていない。

おわりに

といった懸念を抱く人が少なくありません。

しかし、運用開始から1、2カ月までは、SNS運用の世界では
まだよちよち歩きの段階です。この時点で成果が0であっても
まったく心配する必要はありません。

私自身が多様なジャンルのSNSを運用してきた経験では、ス
タートから2、3カ月頃はほぼ成果がなく、4、5カ月頃になって
ようやく軌道に乗り始め、半年経過後に一気に伸びる、というパ
ターンが多いです。最初の3カ月は、投稿に慣れ、試行錯誤をす
る期間ととらえましょう。

SNS運用を途中で断念してしまうケースの多くは、SNSに過度
な期待を抱き、早期の結果を求めすぎたことが原因だと考えられ
ます。最初のうちは数字を気にせずに運用することが、継続のカ
ギとなります。

とはいえ、漫然と投稿を続けるだけでは意味がありません。「半
年後からが勝負」という意識を持ちつつ、日々試行錯誤を重ね、
修正を加えながら諦めずに継続してください。

▶SNSを軽視せず、戦略的に位置づける

最後にもう一つ、SNS運用のポイントを挙げます。「SNSを軽
視しない」ということです。

経営者や役員のなかには、SNSを「単なる無料の宣伝ツール」「片
手間でできる業務」などととらえる人もいます。しかし、SNSを
軽視してはいけません。現代のデジタル社会において、SNSは企

業の価値を発信し、人材を引きつける重要な戦略的ツールです。それを分かっている企業は、採用やマーケティングの主軸として一定のコストをかけてSNS運用を行っています。経営者自らがSNSの重要性を認識し、全社的な取り組みとして位置づけているのです。

　建設業界においても、SNSは優秀な人材を獲得し、企業イメージを向上させる強力なツールとなり得ます。人手不足がますます深刻化するこれからの時代にSNSは欠かせません。単なる流行のツールではなく、経営戦略の中核にSNSを据えることが重要なのです。

▶SNS運用で行き詰まったら専門家に相談を

　自身で考え、試行錯誤を繰り返し、周囲にも相談したにもかかわらず、SNS運用で成果が出ない、または「やっぱりよく分からない……」「自社の力で行うのは難しい」という場合は、専門家への相談をおすすめします。

　2025年以降、SNSがもたらす可能性は計り知れません。一緒にその可能性を最大限に引き出していきましょう。

中西 涼（なかにし りょう）

株式会社KCO専務取締役。
1997年石川県金沢市生まれ。硬式野球推薦で創価大学に入学。建設資材の商社を経て2020年に個人起業。高校時代に甲子園出場経験を持つことから高校野球の動画をYouTubeに投稿、総再生回数100万回を超える。全SNS総フォロワー2万人、総再生回数2000万回の実績を持つ。2024年1月、建設業に特化したコンサルティング会社、株式会社KCOに参画。ブランドコンサルティング部門のトップとしてSNSを活用した集客支援、採用支援を行っている。

本書についての
ご意見・ご感想はコチラ

建設業のための
SNS採用バイブル

2024年9月20日　第1刷発行

著　者　　中西 涼
発行人　　久保田貴幸

発行元　　株式会社 幻冬舎メディアコンサルティング
　　　　　〒151-0051　東京都渋谷区千駄ヶ谷4-9-7
　　　　　電話　03-5411-6440（編集）

発売元　　株式会社 幻冬舎
　　　　　〒151-0051　東京都渋谷区千駄ヶ谷4-9-7
　　　　　電話　03-5411-6222（営業）

印刷・製本　中央精版印刷株式会社
装　丁　　川嶋章浩

検印廃止
©RYO NAKANISHI, GENTOSHA MEDIA CONSULTING 2024
Printed in Japan
ISBN 978-4-344-94836-5 C0063
幻冬舎メディアコンサルティングＨＰ
https://www.gentosha-mc.com/

※落丁本、乱丁本は購入書店を明記のうえ、小社宛にお送りください。
送料小社負担にてお取替えいたします。
※本書の一部あるいは全部を、著作者の承諾を得ずに無断で複写・複製することは
禁じられています。
定価はカバーに表示してあります。